K. M. PARMAR
S. R. PATEL
A. C. JATAPARA

Escala para medir a atitude dos agricultores em relação à cultura da rosa

K. M. PARMAR
S. R. PATEL
A. C. JATAPARA

Escala para medir a atitude dos agricultores em relação à cultura da rosa

ScienciaScripts

Imprint

Cover image: www.ingimage.com

This book is a translation from the original published under ISBN 978-620-7-45827-1.

Publisher:
Sciencia Scripts
is a trademark of
Dodo Books Indian Ocean Ltd. and OmniScriptum S.R.L publishing group

120 High Road, East Finchley, London, N2 9ED, United Kingdom
Str. Armeneasca 28/1, office 1, Chisinau MD-2012, Republic of Moldova, Europe
Managing Directors: Ieva Konstantinova, Victoria Ursu
info@omniscriptum.com

Printed at: see last page
ISBN: 978-620-8-39942-9

Conteúdo

RESUMO

O cultivo de flores e a jardinagem são praticados na Índia há muitos séculos. A utilização de flores, que se limitava em grande parte à oferta nos templos, está a tornar-se parte integrante das actividades sociais, culturais e religiosas. Entre as diferentes flores, a rosa ocupa um lugar único e, no entanto, o cultivo de flores numa base comercial é uma atividade recente, tendo-se tornado uma das indústrias agrícolas mais rentáveis. Atualmente, o cultivo de rosas é reconhecido como uma profissão lucrativa com potencial de maior rendimento por unidade de área do que a maioria dos campos e mesmo algumas culturas hortícolas.

No entanto, para a realização do potencial desta cultura, os agricultores devem adotar o cultivo científico de rosas, para o qual é de importância primordial que eles devem primeiro inculcar uma atitude positiva em relação ao cultivo de rosas. Este facto levou o investigador a fazer uma investigação no sentido de desenvolver a escala e medir a atitude dos agricultores em relação à cultura da rosa. Além disso, os cultivadores de rosas podem estar a enfrentar muitos constrangimentos por causa dos quais não podem explorar plenamente o potencial desta cultura. Isto também exige que se estudem os constrangimentos enfrentados pelos agricultores na adoção da cultura da rosa.

Tendo em consideração todos os aspectos acima referidos, a presente investigação intitulada "Atitude dos agricultores em relação à cultura da rosa" foi levada a cabo com os seguintes objectivos específicos:

1. Estudar o perfil dos agricultores que adoptam a cultura da rosa
2. Desenvolver a escala para medir a atitude dos agricultores em relação à cultura da rosa
3. Medir a atitude dos agricultores em relação à cultura da rosa
4. Determinar a relação entre a atitude dos agricultores relativamente à cultura da rosa e o perfil dos agricultores
5. Identificar as limitações enfrentadas pelos agricultores na adoção da cultura da rosa
6. Explorar as sugestões dos agricultores para ultrapassar os constrangimentos enfrentados na adoção da cultura da rosa.

METODOLOGIA

A presente investigação foi efectuada em Anand Taluka, no distrito de Anand, no Estado de Gujarat. De Anand taluka, foram selecionadas aleatoriamente seis aldeias com maior número de produtores de rosas. Além disso, de cada aldeia selecionada, foram selecionados aleatoriamente dez agricultores, o que constituiu uma amostra de 60 inquiridos.

O procedimento metodológico consistiu em variáveis dependentes e independentes. As variáveis independentes incluídas no estudo foram a idade, a educação, a experiência no cultivo de rosas, a participação social, a propriedade da terra, a ocupação, o rendimento anual, o contacto com a extensão, a exposição aos meios de comunicação social, a motivação económica, a orientação científica e a orientação para o risco. A atitude dos agricultores em relação à cultura da rosa foi considerada como variável dependente.

Para medir a atitude dos agricultores em relação à cultura da rosa, foi desenvolvida e padronizada uma escala. Para as restantes variáveis independentes, utilizaram-se escalas prontas a usar ou desenvolveram-se esquemas estruturados.

Foi elaborado um roteiro de entrevista de acordo com os objetivos do estudo. Os dados foram recolhidos através de entrevista pessoal e foram classificados, tabulados e analisados. Foram utilizadas medidas estatísticas como freqüência e porcentagem, média aritmética e coeficiente de correlação.

PRINCIPAIS CONCLUSÕES

1. A maioria dos agricultores pertencia ao grupo etário médio e idoso, tinha um nível de escolaridade entre o secundário e o superior e um nível de experiência médio a elevado no cultivo de rosas.
2. A maioria dos agricultores não pertencia a nenhuma organização social, possuía uma dimensão média ou pequena de exploração fundiária, entre 2,50,001 e

' 5,00,000 de rendimento anual e agricultura + criação de animais como ocupação.

3. A maioria dos agricultores teve um nível muito baixo a baixo de contacto com a extensão e teve um nível médio a alto de exposição aos meios de comunicação social.
4. A maioria dos agricultores tinha um nível elevado a médio de motivação

económica, um nível elevado a muito elevado de orientação científica e um nível médio a elevado de orientação para o risco.

5. A maioria dos agricultores tinha uma atitude mais favorável a moderadamente favorável em relação à cultura da rosa.

6. Entre as doze variáveis independentes, verificou-se que a educação, a experiência no cultivo de rosas, a exposição aos meios de comunicação social, a ocupação, a motivação económica, a orientação científica e a orientação para o risco tinham uma correlação positiva e significativa, enquanto a idade e o contacto com a extensão tinham uma correlação negativa e não significativa com a atitude dos agricultores em relação ao cultivo de rosas. As restantes caraterísticas, *nomeadamente* a participação social, a propriedade fundiária e o rendimento anual, não foram consideradas significativas em relação à atitude dos agricultores face à cultura da rosa.

7. Os principais constrangimentos enfrentados pelos agricultores na adoção da cultura da rosa foram o efeito adverso sobre a qualidade da flor devido a condições meteorológicas adversas, a flutuação do preço da rosa e a indisponibilidade de variedades melhoradas da cultura da rosa, o elevado custo dos insecticidas e pesticidas, o elevado custo dos fertilizantes e da farinha de aveia, a falta de facilidades de mercado, os pesados encargos dos comissionistas, os pesados encargos de transporte e a falta de orientação técnica em tempo útil.

8. As principais sugestões dadas pelos agricultores para ultrapassar os constrangimentos com que se deparam na adoção da cultura da rosa foram as seguintes: a informação sobre a cultura da rosa deve ser disponibilizada atempadamente pelo pessoal da extensão, vários factores de produção em quantidade suficiente devem ser disponibilizados atempadamente, devem ser dados incentivos e subsídios aos factores de produção para encorajar a produção de rosas, deve ser desenvolvido um sistema de comercialização eficaz e eficiente, devem ser criadas instalações de armazenamento a frio em vários pontos de produção e deve ser dada formação para a produção orientada para a exportação.

I. INTRODUÇÃO

O cultivo de flores e a jardinagem são praticados na Índia há muitos séculos. A utilização de flores, que se limitava em grande parte à oferta nos templos, está a tornar-se parte integrante das actividades sociais, culturais e religiosas.

O cultivo de flores numa base comercial é uma atividade recente. A procura de flores está a aumentar tanto no mercado local como no internacional. Atualmente, o cultivo comercial de flores é uma importante atividade orientada para a exportação, que permite obter rendimentos elevados e também ganhar muitas divisas. O mercado mundial tem vindo a expandir-se cerca de 12% por ano (Anonymous, 2006).

O cultivo de culturas ornamentais alargou o seu horizonte, passando de mero objeto de passatempos a produtos de um negócio lucrativo. Devido à grande diversidade de condições agro-climáticas e sócio-culturais, na Índia são cultivadas culturas ornamentais de uma vasta gama.

O enorme potencial da indústria da floricultura influenciou muitos agricultores a passarem de culturas alimentares e outras culturas de grande volume e baixo custo para culturas de baixo volume e elevado valor, como as flores, para obterem melhores rendimentos (Anónimo, 2008).

Na Índia, a floricultura é uma indústria dinâmica em rápida expansão que ganhou impulso com a liberalização das políticas comerciais económicas e industriais. O Governo da Índia identificou a floricultura como uma importante área de exportação. A exportação de flores da Índia vale atualmente cerca de 600 milhões de rúpias e deverá aumentar, uma vez que o governo investiu mais de 500 milhões de rúpias nos últimos cinco anos para o desenvolvimento global da indústria da floricultura. Existem cerca de 150 unidades orientadas para a exportação iniciadas no país após 1995 (Anonymous, 2008).

A Índia está numa posição invejável para se tornar um líder no comércio mundial de floricultura devido à sua localização privilegiada, ao clima globalmente favorável de liberalização e globalização em geral e aos incentivos específicos do Governo para o desenvolvimento da floricultura, pelo que os mercados globais olham agora para a Índia como uma fonte fiável de produtos de qualidade.

No nosso país, um grande número de pessoas ganha a sua vida quer através da produção quer da comercialização de flores. As flores proporcionam melhores rendimentos numa área unitária com maior rentabilidade. Existe um enorme potencial inexplorado de produção de flores no nosso país, que poderia beneficiar um grande segmento da secção mais fraca da sociedade.

Entre as flores, a rosa *(Rosa indica)* é uma das mais belas criações da natureza e é universalmente aclamada como a "rainha das flores". A rosa é certamente a mais conhecida e a mais popular de todas as flores de jardim em todo o mundo e tem vindo a crescer nesta terra há muitos milhões de anos devido à sua magnitude de floração e fragrância agradável, para além de uma vasta gama de cores, utilizações comerciais e propriedades medicinais (Biswas, 1983).

As rosas são cultivadas em quase todos os países do mundo. Alguns dos países importantes onde as rosas são cultivadas em grande escala comercial são a Holanda, os EUA, o Reino Unido, a Alemanha, a França, a Itália, o Japão, a Suíça, o Quénia, o Zimbabué, Israel, o Equador, a Colômbia, a Índia, o Malavi, a Nigéria, a Suazilândia, o Uganda e a Tanzânia. Em Inglaterra, é adoptada como flor nacional. As rosas são reconhecidas como flores tradicionais e modernas na Índia (Bhattacharjee e De, 2003).

Na Índia, várias espécies de rosas selvagens são cultivadas principalmente na região dos Himalaias. O cultivo da rosa foi iniciado durante o período Moghal. O Moghal samrat Barar introduziu a rosa persa ou rosa *damascena* (*Rosa damascina*) na Índia em 1526. A rosa perfumada (*Rosa barboniand*) foi introduzida na Índia durante o domínio britânico em 1840. Estas duas espécies de rosa são perfumadas e cultivadas no país na mesma medida.

Na Índia, os principais estados produtores de rosas são Tamil Nadu, Karnataka, Maharashtra, Bengala Ocidental, Deli e Gujarat. Existe uma procura muito elevada de rosas modernas. Por conseguinte, a área de cultivo da rosa registou um enorme aumento.

Os dados anuais relativos à superfície e à produção de rosa em Gujarat são apresentados no quadro 1.

Quadro 1: Superfície e produção anual de rosa em Gujarat.

N.º Sr.	Ano	Área (ha)	Produção (M.Tones)
1	2005-06	2034.00	13285.39
2	2006-07	2558.00	16479.00
3	2007-08	2870.00	24894.00
4	2008-09	3372.00	23942.00
5	2009-10	3617.00	26890.00
6	2010-11	3978.00	30393.00
7	2011-12	4106.00	32135.00

Fonte: Diretor da Horticultura, Gandhinagar, Gujarat, Índia (2011-12).

A área cultivada com rosas no ano de 2012 foi de 4106 hectares, com uma produção anual de 32135 toneladas métricas em Gujarat (Anonymos, 2012). Os principais distritos de cultivo de rosas no estado de Gujarat são Vadodara, Surat, Anand, Ahmedabad, Valasad, Navasari e Kheda. Entre estes, a área cultivada com rosas no distrito de Anand é a terceira maior do Estado de Gujarat (Quadro 2). No entanto, a produtividade da rosa no distrito de Anand é inferior à média do Estado, pelo que o potencial de produção da rosa ainda não foi totalmente explorado.

Quadro -2: Superfície e produção de rosa por distrito em Estado de Gujarat (superfície em hectares, produção em toneladas métricas).

N.º Sr.	Distrito	Área	Produção
1	Ahmedabad	350	2340
2	Amreli	27	223
3	Banaskatha	44	404
4	Bharuch	655	6157
5	Narmada	48	288
6	Bhavnagar	215	382
7	Dang	28	255
8	Gandhinagar	29	234

9	Jamnagar	37	292
10	Junagadh	80	644
11	Porbander	16	128
12	Kutch	78	830
13	Kheda	522	4196
14	Anand	510	3890
15	Mehsana	30	185
16	Patan	17	172
17	Panchamahal	90	455
18	Dahod	110	445
19	Rajkot	99	598
20	Sabarkantha	10	125
21	Surat	147	1400
22	Surendranagar	9	48
23	Vadodara	505	3569
24	Valsad	270	2185
25	Navsari	60	570
26	Tapi	120	1120
	Total	4106	32135

(Fonte: Direção de Horticultura, Estado de Gujarat, Gandhinagar,

A evolução de novas variedades, técnicas melhoradas de propagação e outras técnicas agrícolas, incluindo a tecnologia pós-colheita, tornaram possível explorar o potencial desta cultura e transformá-la numa indústria lucrativa, tanto para o mercado interno como para a exportação. Mas para a realização do potencial desta cultura, os agricultores devem adotar o cultivo científico da rosa, para o que é de primordial importância que, em primeiro lugar, lhes seja inculcada uma atitude positiva em relação ao cultivo da rosa. Este facto levou o investigador a fazer uma investigação no sentido de desenvolver a escala e medir a atitude dos agricultores em relação à cultura da rosa.

1.1 Declaração do problema

A cultura da rosa é uma das indústrias de base agrícola mais rentáveis em muitos países desenvolvidos e em desenvolvimento. Atualmente, o cultivo de rosas é reconhecido como uma profissão lucrativa com potencial de rendimentos mais elevados por unidade de área do que a maioria dos campos e mesmo algumas culturas hortícolas.

Gujarat é um dos principais Estados produtores de rosas na Índia, onde a cultura de rosas tem vindo a aumentar de dia para dia. A área cultivada com rosas era de 2034 hectares no ano de 2005-06, tendo duplicado (4106 hectares) no ano de 2011-12. No entanto, o potencial da cultura continua subutilizado, o que exige que os agricultores adoptem variedades melhoradas, técnicas melhoradas de propagação e outras técnicas agrícolas, incluindo a tecnologia pós-colheita da cultura da rosa. Mas a adoção de novas práticas e, consequentemente, a obtenção da produção pretendida só é possível se os agricultores tiverem uma atitude mais favorável/positiva em relação à cultura da rosa. Por isso, é essencial estudar a atitude dos agricultores em relação à cultura da rosa, o que, por sua vez, requer uma escala/instrumento padronizado com o qual se possa medir a atitude dos agricultores em relação à cultura da rosa.

Além disso, os cultivadores de rosas podem estar a enfrentar muitos constrangimentos que os impedem de explorar plenamente o potencial desta cultura. Por isso, também é necessário estudar os constrangimentos enfrentados pelos agricultores na adoção da cultura da rosa.

Tendo em consideração todos os aspectos acima referidos, a presente investigação intitulada "Atitude dos agricultores em relação à cultura da rosa" foi planeada com os seguintes objectivos específicos:

1.2 Objectivos do estudo

1. Estudar o perfil dos agricultores que adoptam a cultura da rosa
2. Desenvolver a escala para medir a atitude dos agricultores em relação à cultura da rosa
3. Medir a atitude dos agricultores em relação à cultura da rosa 4. Verificar a relação entre a atitude dos agricultores em relação à cultura da rosa e o perfil dos agricultores
5. Identificar as limitações enfrentadas pelos agricultores na adoção da cultura da rosa
6. Explorar as sugestões dos agricultores para ultrapassar os constrangimentos enfrentados na adoção da cultura da rosa.

1.3 Âmbito e importância do estudo

Nesta investigação, o investigador fez um esforço para desenvolver e padronizar a escala para medir a atitude dos agricultores em relação à cultura da rosa. Esta escala padronizada será útil para outros investigadores que pretendam medir a atitude dos agricultores em relação à cultura da rosa no futuro. Também foi feito um esforço para focar os constrangimentos enfrentados pelos agricultores na adoção da cultura da rosa, cujos resultados seriam úteis para os planeadores e administradores a diferentes níveis para tomarem medidas corretivas para diminuir a magnitude dos constrangimentos enfrentados pelos cultivadores de rosas.

Esta investigação será de grande significado e importância para a criação de dados baseados na compreensão total dos factores associados ao comportamento atitudinal e também para o curso de ação a ser empreendido no futuro. Assim, os resultados deste estudo sugerem várias implicações para os planeadores, administradores e todos aqueles que estão direta ou indiretamente relacionados com o desenvolvimento e a transferência de tecnologias de cultivo de rosas para os agricultores.

1.4 Hipótese do estudo

Tendo em conta os objectivos específicos do estudo, a hipótese nula foi formulada para ser testada estatisticamente da seguinte forma

Ho: Não existe qualquer relação entre o perfil dos agricultores e a sua atitude em relação à cultura da rosa.

1.5 Limitações do estudo

Tendo em conta o tempo e outros recursos disponíveis do investigador, o presente estudo foi realizado com as seguintes limitações:

1. A área do estudo foi limitada ao distrito de Anand, no estado de Gujarat.
2. O estudo de diagnóstico foi limitado a apenas 60 inquiridos de diferentes aldeias.
3. Apenas foram estudadas as caraterísticas selecionadas dos

inquiridos.

4. As conclusões baseiam-se nas expressões verbais e nas respostas dos inquiridos.

1.6 Operacionalização dos conceitos utilizados:

1.6.1 Idade:

Refere-se à idade real do inquirido em anos completos, ou seja, à idade cronológica do inquirido.

1.6.2 Educação:

Refere-se à educação formal obtida pelo inquirido.

1.6.3. Experiência na cultura de rosas:

Refere-se ao número de anos de experiência de cultivo de rosas dos inquiridos.

1.6.4 Participação social:

Refere-se ao grau de envolvimento dos inquiridos em organizações formais, quer como membros quer como titulares de cargos.

1.6.5 Exploração fundiária:

É o número de hectares de terras possuídas e cultivadas pelo inquirido.

1.6.6 Profissão:

Refere-se à atividade ou actividades através das quais o inquirido gera rendimentos e sustenta a família.

1.6.7 Rendimento anual:

É o rendimento total obtido anualmente pela família dos inquiridos selecionados, proveniente tanto da agricultura como de outras fontes.

1.6.8 Contacto de extensão:

Refere-se ao contacto feito pelos inquiridos com a agência de extensão ou com os extensionistas, quer localmente quer fora da aldeia.

1.6.9 Exposição aos meios de comunicação social:

É definida como a natureza e a frequência da exposição/envolvimento dos agricultores em diferentes meios de comunicação social, como a rádio, a televisão, os jornais, as exposições, etc.

1.6.10 Motivação económica:

É o grau em que o inquirido está orientado para a maximização do lucro, valorizando relativamente mais os fins económicos.

1.6.11 Orientação científica:

É o grau em que o inquirido está orientado para a utilização de métodos científicos na agricultura.

1.6.12 Orientação para o risco:

É o grau em que o inquirido está orientado para assumir riscos e incertezas na agricultura.

II. REVISÃO DA LITERATURA

O principal objetivo deste capítulo é organizar e apresentar as conclusões dos estudos de investigação anteriores, que estão relacionados com a presente investigação. A revisão da literatura leva o investigador a concluir as suas conclusões com referência a estudos anteriores. É também necessária para desenvolver o quadro concetual e selecionar a conceção adequada para o estudo. Uma vez que a literatura com incidência direta em diferentes aspectos do presente estudo é limitada, foram também revistas as referências com incidência reduzida ou indireta, cuja descrição sucinta é apresentada neste capítulo sob os seguintes títulos:

11.1 Perfil dos agricultores

11.2 Atitude em relação à agricultura

11.3 Relação entre o perfil dos agricultores e a sua atitude em relação à agricultura

11.4 Constrangimentos enfrentados pelos agricultores na adoção da cultura da rosa 2.5 Sugestão dos agricultores para ultrapassar os constrangimentos enfrentados na adoção da cultura da rosa

2.1 PERFIL DOS AGRICULTORES

O trabalho efectuado e relatado com referência à presente investigação é muito reduzido. No entanto, a breve descrição da literatura relacionada analisada é apresentada a seguir.

2.1.1 Idade

Trivedi (2000) salientou que a maioria (61,00 por cento) dos inquiridos era do grupo de meia-idade.

Narayan (2004) observou que mais de dois terços (69,33%) dos cultivadores de rosas pertenciam ao grupo de meia-idade, seguidos pelo grupo de jovens (18,66%) e pelo grupo de idosos (12,01%).

Parashar (2004) constatou que mais de dois terços (69,33%) dos inquiridos pertenciam a um grupo de meia-idade, enquanto 22,00% dos produtores de rosas pertenciam a um grupo de idade jovem.

Macwana (2009) constatou que dois terços (66,67%) dos produtores de rosas pertenciam a um grupo etário médio, enquanto 24,16% e 09,17% pertenciam a um grupo etário velho e jovem, respetivamente.

Patel (2010) referiu ter observado que a maioria (72,44%) dos produtores de rosas se encontrava no grupo de meia-idade, seguido do grupo de idade avançada (18,90%) e do grupo de idade jovem (8,66%).

2.1.2 Educação

Parashar (2004) observou que menos de metade (47,33%) dos cultivadores de rosas tinham o ensino primário, enquanto apenas 6,67% dos cultivadores de rosas eram analfabetos.

Patel (2006) constatou que 39,17% dos inquiridos tinham habilitações até ao nível secundário superior, seguidos de 30,83, 14,17 e 10,00% que tinham habilitações ao nível secundário, primário e universitário, respetivamente.

Macwana (2009) constatou que menos de metade (45,84%) dos produtores de rosas tinham o ensino secundário, seguidos de 25,00% com o ensino secundário e 19,16% com o ensino superior, enquanto 8,33% dos produtores de rosas tinham o ensino primário. Apenas 1,67% eram analfabetos.

Rathod (2009) concluiu que mais de um terço (35,83%) dos produtores de malagueta tinham habilitações literárias até ao nível primário, enquanto 24,17% e 15,00% tinham habilitações de nível secundário e superior, respetivamente.

Patel (2010) revelou que metade dos produtores de rosas (49,90 por cento) recebeu educação até ao nível primário, seguido de 27,60 e 15,00 por cento que receberam educação até ao nível secundário e universitário, respetivamente. Além disso, observou-se que 12,60% deles não receberam educação formal, mas sabiam ler e escrever, enquanto muito poucos (3,90%) eram analfabetos.

2.1.3 Experiência na cultura da rosa

Trivedi (2000) revelou que a maioria (67,00 por cento) dos inquiridos tinha uma experiência média de cultivo de flores.

Parashar (2004) observou que metade (50,66 por cento) dos cultivadores de rosas tinha uma experiência média (3 a 4 anos) no cultivo de flores de rosas.

Macwana (2009) concluiu que um pouco mais de metade (55,00 por cento) dos produtores de rosas tinham um nível médio de experiência no cultivo de rosas, enquanto 25,00 e 20,00 por cento deles tinham um nível alto e baixo de experiência, respetivamente.

Patel (2010) indicou que a maioria (63,80 por cento) dos produtores de rosas tinha um nível médio de experiência no cultivo de rosas, enquanto 19,70 e 16,50 por cento deles tinham um nível baixo e alto de experiência, respetivamente.

2.1.4 Participação social

Trivedi (2000) concluiu que a grande maioria (82,00 por cento) dos inquiridos tinha um nível médio de participação social.

Parashar (2004) indicou que a maioria (74,67 por cento) dos produtores de rosas era membro de mais do que uma organização.

Macwana (2009) constatou que quase três quintos (57,50%) dos produtores de rosas tinham um nível médio de participação social, seguidos de 26,67 e 15,83% com um nível baixo e alto de participação social, respetivamente.

Bhosale (2010) indicou que mais de dois quintos (42,50%) dos jovens rurais eram membros de uma organização, seguidos de 29,17% e 23,33% que eram membros de mais do que uma organização e que não eram membros de nenhuma organização, respetivamente; enquanto 5,00% eram detentores de cargos numa organização.

Darandale (2010) observou que dois quintos (40,00 por cento) dos inquiridos eram membros de uma organização, enquanto 27,50, 20,00 e 12,50 por cento não eram membros de nenhuma organização, eram membros de mais do que uma organização e ocupavam um cargo na organização, respetivamente.

2.1.5 Exploração fundiária

Trivedi (2000) observou que um pouco mais de dois quintos (42,00 por cento) dos produtores de rosas tinham uma propriedade de tamanho médio (2,01 a 4,00 ha).

Parashar (2004) indicou que um pouco menos de metade (49,32%) dos produtores de rosas eram agricultores de tamanho médio (2,01 a 4,00 ha.), seguidos de 28,65% com pequenas propriedades e 17,33% com grandes propriedades. Apenas 4,70 por cento eram agricultores marginais.

Macwana (2009) revelou que quase metade (48,33%) dos produtores de rosas possuía terras marginais, enquanto 34,17% e 9,16% dos produtores de rosas possuíam terras de pequena e média dimensão, respetivamente. Apenas 8,34% dos produtores de rosas pertenciam à categoria das grandes propriedades.

Patel (2010) revelou que quase dois terços (63,78%) dos produtores de rosas tinham uma propriedade média, enquanto 20,47% e 15,75% tinham uma propriedade grande e pequena, respetivamente.

2.1.6 Profissão

Christian (2001) revelou que quase três quintos (59,17%) dos inquiridos dependiam da agricultura e da criação de animais.

Parashar (2004) concluiu que a agricultura continuava a ser a principal ocupação da maioria (51,34%) dos cultivadores de rosas.

Pise (2006) revelou que a maioria (70,00 por cento) dos produtores de banana tinha apenas a agricultura como ocupação principal, seguida de 16,67, 7,33 e 6,00 por cento que tinham a agricultura com a criação de animais, a agricultura com serviços e a agricultura com negócios como ocupação principal, respetivamente.

Macwana (2009) indicou que pouco mais de metade (51,67%) dos produtores de rosas estavam envolvidos na agricultura + criação de animais + negócios, enquanto 32,50% dos produtores de rosas estavam envolvidos na agricultura + criação de animais. Além disso, 10,00 por cento tinham como ocupação a agricultura + criação de animais + serviços, enquanto 5,83 por cento dos produtores de rosas tinham apenas a agricultura como ocupação.

2.1.7 Rendimento anual

Trivedi (2000) inferiu que exatamente metade (50,00 por cento) dos inquiridos tinha um rendimento anual médio de 50.000 a 1.000.000 euros.

Dongaradive (2002) observou que metade dos produtores de malagueta (50,00 por cento) tinha um nível de rendimento baixo, ou seja, até 50 000 euros, seguido de um nível de rendimento anual médio (33,33 por cento) e elevado (16,67 por cento).

Parashar (2004) relatou ter observado quase metade (49,33 por cento) dos produtores de rosas com rendimentos anuais entre 50.000 e 1.000.000/-.

Macwana (2009) revelou que três quintos (59,16 por cento) dos produtores de rosas tinham um rendimento anual baixo (até ' 50.000/-), seguido de 30,84 por cento que tinham um rendimento anual médio (' 50.000 a '1, 00.000/). Por outro lado, apenas 10,00 por cento dos inquiridos tinham um rendimento anual elevado (acima de ' 1.00.000/-).

Darandle (2010) referiu que mais de metade (57,50 por cento) dos produtores de milho tribais tinham um rendimento anual médio, seguido de 25,84 e 16,66 por cento com um rendimento anual alto e baixo, respetivamente.

2.1.8 Contacto de extensão

Trivedi (2000) observou que um pouco menos de metade (48,00 por cento) dos inquiridos tinha um contacto médio com a extensão.

Parashar (2004) revelou que quase três quintos (58,67%) dos produtores de rosas tinham um contacto médio com a extensão, enquanto 40,66% tinham um contacto reduzido com a extensão.

Macwana (2009) inferiu que quase três quintos (55,00 por cento) dos produtores de rosas tinham um contacto médio com a extensão, enquanto 28,34 e 16,60 por cento dos inquiridos tinham um nível baixo e alto de contacto com a extensão, respetivamente.

Borole (2010) descobriu que a maioria (65,88 por cento) dos produtores de arroz demonstrou ter um nível médio de contacto com diferentes agências de extensão, seguido por 20,00 e 14,12 por cento deles que tinham um nível alto e baixo de contacto com a extensão, respetivamente.

Patel (2010) revelou que quase três quintos (57,48%) dos produtores de rosas tinham um nível médio de contacto com as agências de extensão, enquanto 23,62% e 18,90% deles tinham um nível alto e baixo de contacto com a extensão, respetivamente.

2.1.9 Exposição aos meios de comunicação social

Zala (2008) descobriu que a grande maioria (88,18 por cento) dos produtores de algodão tinha um nível baixo a médio de exposição aos meios de comunicação social.

Rathod (2009) observou que a grande maioria (81,66%) dos produtores de malagueta tinha um nível médio a elevado de exposição aos meios de comunicação social.

Bhosale (2010) revelou que um pouco mais de metade (51,66%) dos jovens rurais tinha uma exposição média aos meios de comunicação social, seguida de 25,84% e 22,50% que tinham uma exposição elevada e baixa aos meios de comunicação social, respetivamente.

Patel (2010) mostrou que quase três quintos (58,27%) dos produtores de rosas tinham um nível médio de exposição aos meios de comunicação social, enquanto 22,05 e 19,68% deles tinham um nível baixo e alto de exposição aos meios de comunicação social, respetivamente.

2.1.10 Motivação económica

Trivedi (2000) concluiu que um pouco mais de metade (51,00 por cento) dos produtores de rosas tinha um nível médio de motivação económica.

Parashar (2004) referiu que a maioria (60,67%) dos inquiridos tinha uma motivação económica média, seguida de uma motivação económica baixa (22,67%) e alta (16,66%).

Pise (2006) revelou que a maioria (61,34%) dos inquiridos tinha um nível médio de motivação económica, enquanto 21,33% e 17,33% tinham um nível elevado e baixo de motivação económica, respetivamente.

Macwana (2009) revelou que a maioria (66,67%) dos produtores de rosas se enquadrava na categoria de nível médio de motivação económica, enquanto 18,33% e 15,00% deles tinham um nível baixo e alto de motivação económica, respetivamente.

Rathod (2009) observou que a grande maioria (85,84%) dos inquiridos tinha um nível médio a elevado de motivação económica. **2.1.11 Orientação científica**

Trivedi (2000) afirmou que quase três quartos (73,00 por cento) dos inquiridos tinham uma orientação científica média.

Parashar (2004) relatou ter observado que a maioria (78,00 por cento) dos produtores de rosas tinha uma orientação científica média, enquanto 20,00 por cento deles tinham uma orientação científica baixa.

Macwana (2009) indicou que mais de dois terços (69,16%) dos produtores de rosas tinham um nível médio de orientação científica, seguidos de 18,34% e 12,50% que tinham um nível baixo e alto de orientação científica, respetivamente.

Darandale (2010) revelou que 64,16% dos inquiridos tinham um nível médio de orientação científica. Cerca de 20,00 por cento dos inquiridos tinham um nível elevado de orientação científica e os restantes 15,84 por cento tinham um nível baixo de orientação científica.

Patel (2010) revelou que quase três quintos (59,05 por cento) dos produtores de rosas tinham um nível médio de orientação científica, enquanto 21,26 e

19,69 por cento deles tinham um nível alto e baixo de orientação científica, respetivamente.

2.1.12 Orientação para o risco

Trivedi (2000) afirmou que mais de dois terços (70,00 por cento) dos inquiridos tinham um nível médio de preferência pelo risco.

Parashar (2004) salientou que três quintos (60,00 por cento) dos produtores de rosas tinham uma preferência pelo risco médio, seguidos de 23,34 por cento que tinham uma preferência pelo risco baixo.

Macwana (2009) afirmou que mais de dois terços (67,50%) dos produtores de rosas tinham um nível médio de preferência pelo risco, enquanto 19,16% e 13,34% dos produtores de rosas tinham um nível baixo e alto de preferência pelo risco, respetivamente.

Darandale (2010) indicou que 68,34% dos inquiridos tinham um nível médio de orientação para o risco, seguido de 17,50 e 14,16% com um nível elevado e baixo de orientação para o risco, respetivamente.

Patel (2010) indicou que um pouco menos de metade (47,24%) dos produtores de rosas tinha um nível médio de orientação para o risco, enquanto 28,35 e 24,41% dos produtores de rosas tinham um nível alto e baixo de orientação para o risco, respetivamente.

2.2 Atitude dos agricultores

Kausadikar *et al.* (2002) observaram que a maioria dos inquiridos (60,00 por cento) tinha uma atitude menos favorável em relação ao programa de desenvolvimento da horticultura, enquanto os restantes 40,00 por cento dos inquiridos tinham uma atitude mais favorável em relação ao programa de desenvolvimento da horticultura.

Patel (2002) constatou que a maioria (64,17%) dos produtores de algodão híbrido tinha uma atitude favorável em relação à estratégia de GIP.

Patel e Chauhan (2004) relataram que mais de metade (55,00 por cento) dos agricultores tinha uma atitude moderadamente favorável em relação à estratégia de GIP, seguida por 30,00 por cento com uma atitude menos favorável e 15,00 por cento com uma atitude altamente favorável em relação à estratégia de GIP.

Patel (2005) indicou que 61,00 por cento dos agricultores tinham uma atitude moderadamente favorável em relação às práticas de agricultura biológica, enquanto 22,00 por cento e 17,00 por cento tinham uma atitude menos favorável e altamente favorável em relação às práticas de agricultura biológica, respetivamente.

Pise (2006) revelou que a maioria (68,66%) dos inquiridos tinha uma atitude moderadamente favorável em relação à tecnologia de cultivo da banana, enquanto 16,67% e 14,67% dos inquiridos tinham uma atitude altamente favorável e menos favorável em relação ao cultivo da banana, respetivamente.

2.3 Relação entre o perfil dos agricultores e a sua atitude em relação à agricultura

2.3.1 Idade e atitude

Patel (2005) indicou que existia uma associação negativa e significativa entre o nível de atitude dos inquiridos em relação às práticas de agricultura biológica e a sua idade.

Meshram *et al.* (2006) referiram que a idade dos beneficiários não era significativa em relação à sua atitude face ao programa Swarnajayanti Gram Swarojgar Yojana (SGSY).

Patel (2006) verificou que a idade dos produtores de arroz tinha uma correlação negativa e não significativa com a sua atitude em relação à utilização de pesticidas.

Darandle (2010) indicou que a idade dos produtores de milho tinha uma correlação negativa e não significativa com a sua atitude em relação à agricultura biológica.

Trivedi (2010) indicou claramente que o grau de atitude e o nível das práticas de gestão de crises adoptadas pelos agricultores na cultura do cominho não tinham uma correlação significativa com a sua idade.

2.3.2 Educação e atitude

Patel e Chauhan (2004) observaram que a educação dos inquiridos estava positiva e significativamente relacionada com a sua atitude em relação à estratégia GIP.

Patel (2005) concluiu que a atitude dos agricultores em relação às práticas de agricultura biológica tinha uma correlação positiva e significativa entre o grau de atitude dos inquiridos e a sua educação.

Patel (2006) referiu que a atitude dos produtores de arroz em relação à utilização de pesticidas tinha uma relação altamente significativa com a sua educação.

Sharnagat (2008) concluiu que a atitude dos beneficiários em relação à Missão Nacional de Horticultura tinha uma associação positiva e altamente significativa com a sua educação.

Darandle (2010) referiu que a atitude dos inquiridos em relação às práticas de agricultura biológica na cultura do milho tinha uma relação altamente significativa com a sua educação.

2.3.3 Experiência e atitude

Patel e Chauhan (2004) observaram que a experiência agrícola estava negativa mas significativamente relacionada com a atitude em relação à estratégia GIP.

Pise (2006) referiu que a experiência dos inquiridos tinha uma relação significativa com a atitude dos inquiridos em relação à tecnologia de cultivo da banana.

Sharnagat (2008) referiu que a experiência dos beneficiários tinha uma correlação positiva e não significativa com a atitude dos inquiridos em relação à Missão Nacional de Horticultura.

Zala (2008) observou que a experiência agrícola dos produtores de algodão estava significativamente associada à sua atitude em relação ao cultivo do algodão.

Trivedi (2010) indicou que a experiência dos produtores de cominho tinha uma relação não significativa com o seu grau de atitude e a adoção de práticas de gestão de crises na cultura do cominho.

2.3.4 Participação social e atitude

Patel (2005) referiu uma associação positiva e significativa entre o nível de atitude dos inquiridos em relação à agricultura biológica e a sua participação social.

Patel (2006) indicou que a atitude dos produtores de arroz em relação à utilização de pesticidas nas culturas de arroz tinha uma relação significativa com a sua participação social.

Zala (2008) indicou que a atitude dos produtores de algodão em relação ao cultivo do algodão tinha uma relação altamente significativa com a sua participação social.

Darandale (2010) constatou que existia uma relação positiva e altamente significativa entre a participação social e a atitude dos inquiridos em relação à prática da agricultura biológica na cultura do milho.

2.3.5 Posse de terra e atitude

Patel (2005) referiu que o aumento da dimensão da propriedade fundiária resultou num aumento do nível de atitude em relação às práticas de agricultura biológica.

Patel (2006) indicou que a atitude dos produtores de arroz em relação à utilização de pesticidas tinha uma relação não significativa com a dimensão das suas terras.

Sharnagat (2008) referiu que a posse de terras dos beneficiários tinha uma relação significativa com a sua atitude em relação à Missão Nacional de Horticultura.

Zala (2008) indicou que a atitude dos produtores de algodão em relação à cultura do algodão e o tamanho da propriedade não tinham uma relação significativa.

Darandle (2010) registou uma correlação positiva e altamente significativa entre o grau de atitude dos inquiridos em relação à agricultura biológica na cultura do milho e a sua propriedade fundiária.

2.3.6 Profissão e atitude

Pise (2006) revelou que a ocupação dos produtores de bananas tinha uma correlação significativa com a sua atitude em relação à tecnologia de cultivo da banana.

Sharnagat (2008) referiu que a ocupação tinha uma relação não significativa com a atitude dos inquiridos em relação à Missão Nacional de Horticultura.

Zala (2008) referiu que o envolvimento no número de ocupações dos agricultores tinha uma relação positiva e significativa com o seu grau de atitude, embora não fosse significativo com o seu nível de adoção de práticas de gestão de crises.

Trivedi (2010) reflectiu que o envolvimento em várias ocupações por parte dos produtores de cominho tinha uma correlação não significativa com o seu grau de atitude e a adoção de práticas de gestão de crises na cultura do cominho.

2.3.7 Rendimento anual e atitude

Patel (2005) verificou que o rendimento familiar estava positiva e significativamente relacionado com a atitude dos inquiridos em relação às práticas de agricultura biológica.

Zala (2008) observou que o rendimento anual dos produtores de algodão tinha uma relação altamente significativa com a sua atitude em relação ao cultivo do algodão.

Borole (2010) concluiu que o rendimento anual da família tinha uma relação positiva e significativa com a atitude dos produtores de arroz demonstrada em relação à técnica do ISR.

Darandle (2010) indicou que havia uma correlação positiva e altamente significativa entre o grau de atitude dos inquiridos em relação à agricultura biológica na cultura do milho e o seu rendimento anual.

2.3.8 Contacto com a extensão e atitude

Patel (2006) indicou que o contacto dos produtores de arroz com a extensão tinha uma relação altamente significativa com a sua atitude em relação à utilização de pesticidas na cultura do arroz.

Pise (2006) revelou que o contacto dos inquiridos com a extensão tinha uma correlação significativa com a sua atitude em relação à tecnologia de cultivo da banana.

Sharnagat (2008) referiu que o contacto dos beneficiários com a extensão tinha uma relação positiva e altamente significativa com a sua atitude em relação à Missão Nacional de Horticultura.

Darandle (2010) relatou que a participação dos produtores de milho na extensão tinha uma relação altamente significativa com a sua atitude em relação às práticas de agricultura biológica na cultura do milho.

2.3.9 Exposição aos meios de comunicação social e atitude

Dutt e Sharma (2005) concluíram que a exposição dos produtores de arroz aos meios de comunicação social tinha uma correlação positiva e significativa com o seu grau de utilização de pesticidas no que respeita à tecnologia de gestão dos viveiros de arroz.

Patel (2005) indicou que a exposição dos produtores de arroz aos meios de comunicação social tinha uma relação significativa com a sua atitude em relação à utilização de pesticidas nas culturas de arroz.

Zala (2008) observou que a exposição dos produtores de algodão aos meios de comunicação social tinha uma relação altamente significativa com a sua atitude em relação ao cultivo do algodão.

Borole (2010) referiu que a exposição aos meios de comunicação social tinha uma correlação positiva e altamente significativa com a atitude dos produtores de arroz demonstrada em relação às técnicas de ISR.

Darandle (2010) observou que a exposição dos produtores de milho aos meios de comunicação social tinha uma relação altamente significativa com a sua atitude em relação à agricultura biológica.

2.3.10 Motivação e atitude económica

Patel (2005) indicou que existia uma associação positiva e significativa entre o nível de atitude dos inquiridos em relação à prática da agricultura biológica e a sua motivação económica.

Sharnagat (2008) referiu que a motivação económica dos beneficiários tinha uma relação positiva e altamente significativa com a sua atitude em relação à Missão Nacional de Horticultura.

Zala (2008) indicou que a motivação económica dos produtores de algodão tinha uma relação não significativa com a sua atitude em relação ao cultivo do algodão.

Darandle (2010) observou que a motivação económica dos produtores de milho tinha uma relação altamente significativa com a sua atitude em relação à agricultura biológica.

2.3.11 Orientação e atitude científicas

Pise (2006) concluiu que a orientação científica dos produtores de bananas tinha uma relação significativa com a sua atitude em relação à cultura da banana.

Zala (2008) indicou que a orientação científica dos produtores de algodão não tinha uma associação significativa com a sua atitude em relação ao cultivo do algodão.

Borole (2010) observou uma correlação positiva e altamente significativa entre a orientação científica e a atitude dos produtores de arroz demonstrada em relação à técnica SRI.

Darandle (2010) referiu que a orientação científica dos produtores de milho tribais era positiva e estava altamente correlacionada com a sua atitude em relação às práticas de agricultura biológica na cultura do milho.

2.3.12 Orientação e atitude face ao risco

Patel (2005) indicou que a orientação dos inquiridos para o risco tinha uma associação não significativa com o seu nível de atitude em relação às práticas de agricultura biológica.

Pise (2006) revelou que a orientação dos bananicultores para o risco tinha uma relação significativa com a sua atitude em relação à tecnologia de cultivo da banana.

Sharnagat (2008) referiu que a orientação dos beneficiários para o risco tinha uma relação positiva e altamente significativa com a sua atitude em relação à Missão Nacional de Horticultura.

Darandale (2010) referiu que a orientação para o risco dos produtores de milho tinha uma relação positiva e altamente significativa com a sua atitude em relação às práticas de agricultura biológica na cultura do milho.

2.4 Constrangimentos enfrentados pelos agricultores

Trivedi (2000) salientou que o principal constrangimento, expresso pela maioria dos inquiridos (61,33%), era a concessão de empréstimos que não era feita em tempo útil.

Parashar (2004) revelou que os principais constrangimentos enfrentados pelos produtores de rosas na adoção do cultivo de rosas eram: falta de disponibilidade de variedades melhoradas de rosas, fornecimento de empréstimos não em tempo oportuno, falta de conhecimento sobre a aplicação atempada de fertilizantes, fornecimento irregular de informações sobre o cultivo de rosas pelos meios de comunicação social e flutuações nos preços das rosas.

Pise (2006) referiu que a flutuação do preço de mercado (80,00 por cento), o elevado custo dos factores de produção (76,00 por cento), o fornecimento irregular de eletricidade (72,66 por cento), a falta de facilidades de mercado (64,66 por cento) e a falta de financiamento (62,33 por cento) eram os principais constrangimentos enfrentados pelos produtores de banana.

Bhosale (2010) observou que os principais constrangimentos enfrentados pelos jovens rurais eram: falta de conhecimentos sobre medidas de proteção das plantas (90,83%), elevado custo dos produtos químicos e fertilizantes

(79,16%), indisponibilidade de VLWs para orientação de cada vez (77,50%), indisponibilidade de variedades resistentes (68,33%), falta de conhecimentos sobre a dose de fertilizantes (66,67%), indisponibilidade de produtos químicos como e quando necessário (66,00%) e fornecimento irregular de eletricidade (50,00%).

Darandale (2010) constatou que os principais constrangimentos expressos pelos produtores de milho tribais na adoção de práticas de agricultura biológica foram: falta de uma configuração administrativa especial para promover a agricultura biológica (60,00 por cento), falta de preços remuneradores e indisponibilidade de alimentos biológicos (58,34 por cento), falta de rede de comercialização biológica (54.16%), falta de sensibilização para os alimentos biológicos (51,66%), controvérsia entre os membros da família em relação à agricultura biológica (50,84%), ausência de incentivos ou prémios especiais para os que adoptam práticas de agricultura biológica (48,34%), fornecimento inadequado e inoportuno de insumos agrícolas (46,66%), mercado ou ponto de entrega distantes (45,00%), fraco contacto com a extensão

trabalhadores com os agricultores (41,66%), falta de mercado para os produtos biológicos (40,00%), falta de publicações sobre práticas comprovadas de agricultura biológica (29,16%) e riscos naturais (17,50%).

2.5 Sugestões para ultrapassar esses condicionalismos:

Segundo Trivedi (2000), as principais sugestões aprovadas pelos floricultores foram as seguintes: deve ser criado um sistema de comercialização eficaz e eficiente (100%), a informação sobre o cultivo de flores deve ser fornecida pelo pessoal da extensão (98%) e deve ser disponibilizado aos agricultores crédito atempado e suficiente a uma taxa de juro razoável (80%).

Macwana (2009) referiu as principais sugestões dadas pelos produtores de rosas para ultrapassar os constrangimentos associados à adoção das práticas recomendadas de cultivo de rosas, por ordem sequencial: deve ser desenvolvido um sistema de comercialização eficaz e eficiente, o pessoal de extensão deve disponibilizar informação sobre o cultivo de rosas em tempo útil, deve ser disponibilizado atempadamente crédito suficiente a taxas de juro razoáveis, deve ser disponibilizado atempadamente o fornecimento adequado de vários insumos de produção, devem ser encorajados incentivos à produção de rosas, deve ser encorajada a produção orientada para a exportação e devem ser fornecidas diretrizes para uma classificação adequada e um padrão de qualidade.

The suggestions of rural youth as reported by Bhosale (2010) were: training on new technologies should be imparted to the rural youth (93.33 per cent), technical guidance should be provided well in advance before start of paddy season (90.00 per cent), regular and timely visit of VLW (61.66%), as sementes de variedades resistentes devem estar disponíveis para os agricultores a nível local (81,66%), deve ser dada formação sobre a utilização de agro-químicos (60%), deve ser dada orientação para a criação de viveiros (58%) e deve estar disponível energia eléctrica suficiente (37,50%).

Darandale (2010) concluiu que a principal sugestão expressa pelos produtores de milho tribal foi "os trabalhadores da Extensão Agrícola (AEWs) devem fornecer informações sobre a agricultura biológica (52,50 por cento)", seguido de "fornecimento atempado de insumos agrícolas deve ser fornecido (50,83 por cento)", "insumos agrícolas adequados devem ser fornecidos (48.33%)", "deve estar disponível uma rede de comercialização de produtos agrícolas biológicos (46,67%)", "deve ser promovida uma estrutura administrativa especial para a agricultura biológica (43,33%)", "deve estar disponível uma publicação sobre práticas comprovadas de agricultura biológica (39,17%)" e "deve ser criado um mercado para os produtos biológicos (38,33%)".

III. METODOLOGIA DE INVESTIGAÇÃO

Este capítulo trata da conceção da investigação, dos instrumentos e das técnicas de uma investigação científica. Inclui o método e os procedimentos utilizados para medir as variáveis dependentes e independentes. Também diz respeito à seleção de técnicas de amostragem adequadas para a investigação, bem como aos dispositivos utilizados para a análise dos dados. A metodologia adoptada para o estudo é discutida nos pontos seguintes.

111.1 Localização do estudo

111.2 Técnica de amostragem

111.3 Conceção da investigação

111.4 Seleção das variáveis

111.5 Medição das variáveis

111.6 Construção e pré-teste do programa de entrevistas

111.7 Método de recolha de dados

111.8 Quadro estatístico para a análise dos dados

111.9 Modelo concetual

3.1 Localização do estudo

O presente estudo foi efectuado em Anand taluka, no distrito de Anand, no centro de Gujarat, pelas seguintes razões

1. Anand taluka do distrito de Anand está sob a jurisdição da AAU, Anand, no estado de Gujarat.
2. Até à data, não foi feito qualquer esforço sistemático e científico para estudar a atitude dos agricultores em relação à cultura da rosa em Anand taluka.
3. Há uma boa venda e exportação de flores de rosas neste taluka e este taluka foi considerado como uma das áreas mais potenciais no que respeita à cultura de rosas.
4. O investigador é capaz de cobrir esta área dentro do prazo.

3.2 Técnica de amostragem

O presente inquérito foi realizado em Anand taluka, que foi selecionada propositadamente de entre 8 talukas do distrito de Anand. Além disso, foi obtida uma lista das aldeias com maior número de produtores de rosas com, pelo menos, dois anos de experiência no cultivo de rosas junto do Gabinete do Diretor Adjunto da Horticultura, Anand, e dessa lista foram selecionadas aleatoriamente 6 aldeias. Essas aldeias eram Ransol, Tranol, Kunjarav, Bhileshwar, Khankuva e Bajipura. De cada aldeia selecionada, foram escolhidos aleatoriamente 10 cultivadores de rosas, perfazendo uma amostra total de 60 cultivadores de rosas para a investigação. Fig.:1.

3.3 Conceção da investigação

Como afirma Kerlinger (1976), a conceção da investigação ex-post-facto deve ser aplicada quando as variáveis independentes já actuaram. Tendo em conta os objectivos do estudo, foi aplicado o modelo de investigação ex-post-facto. A conceção da investigação ex-post-facto é um inquérito experimental sistemático em que o investigador não tem qualquer controlo direto sobre as variáveis independentes.

3.4 Seleção das variáveis

A seleção das variáveis incluídas no estudo foi feita com base numa análise exaustiva da literatura relacionada com o assunto e em consulta com os principais guias e peritos. Finalmente, foram selecionadas as variáveis consideradas mais relevantes para o presente estudo, que são as seguintes

3.4.1 Variável dependente

1) Atitude dos agricultores em relação à cultura da rosa

3.4.2 Variáveis independentes

I) Variável pessoal

1. Idade
2. Educação
3. Experiência no cultivo de rosas

II) Variáveis sociais

1. Participação social

III) Variáveis económicas

1. Exploração de terrenos
2. Ocupação
3. Rendimento anual

IV) Variáveis de comunicação

1. Contacto de extensão
2. Exposição nos meios de comunicação social

v) Variáveis psicológicas

1. Motivação económica
2. Orientação científica
3. Orientação para o risco

3.5Medição das variáveis

3.5. 1Variável dependente :

Atitude dos agricultores em relação à cultura da rosa

Neste estudo, foi feita uma tentativa de desenvolver uma escala que possa medir cientificamente a atitude dos agricultores em relação à cultura da rosa. Entre as técnicas disponíveis para o desenvolvimento de uma escala, a escala de intervalos de igual aparência de Thurston (1928) e a escala de classificação somada de Likert (1932) são bastante conhecidas. No entanto, ambos os métodos sofrem de limitações, a primeira na obtenção de respostas discriminadas e a segunda na seleção dos itens. Assim, a técnica escolhida para desenvolver a escala de atitudes foi o "Método do Produto da Escala", que combina a técnica de Thurstone da escala de intervalos de igual aparência para a seleção dos itens e as técnicas de Likert da classificação total para determinar a resposta na escala, tal como proposto por Eysenck e Crown (1949).

Etapas do desenvolvimento de uma escala de atitudes

As etapas de desenvolvimento da escala de atitudes são apresentadas na fig.2 e discutidas de seguida.

3.5.1.1 Recolha de itens

Os itens que compõem uma escala de atitudes são conhecidos como afirmações. As afirmações foram recolhidas da literatura relevante e construídas através de discussões com peritos, guias principais e pessoal de extensão. As afirmações, assim selecionadas, foram editadas com base nos critérios sugeridos por Edward (1957).

3.5.1.2. Análise da declaração

As afirmações assim selecionadas foram distribuídas por 70 peritos selecionados que trabalham no Departamento de Educação para a Extensão e na Direção de Educação para a Extensão de quatro universidades agrícolas de Gujarat, bem como no Instituto de Educação para a Extensão e no Departamento de Horticultura da Universidade Agrícola de Anand, Anand. Pediu-se aos juízes que avaliassem as afirmações, indicando o grau de desfavorabilidade ou favorabilidade de cada afirmação num intervalo contínuo de cinco pontos de igual aparência, para a sua inclusão na escala final. Destes peritos, 50 devolveram as afirmações depois de registarem devidamente as suas apreciações e foram considerados para a análise.

3.5.1.3 Determinação da escala e do quartil

Aos cinco pontos da escala de classificação foi atribuída uma pontuação de 1 para o mais desfavorável e 5 para o mais favorável. Com base no julgamento, o valor mediano da distribuição para a afirmação em causa foi calculado com a ajuda da seguinte fórmula.

$$S = L + \frac{0.50 - \Sigma Pb}{Pw} \times i$$

Onde,

S= Valor mediano ou de escala da afirmação

L= Limite inferior do intervalo em que a mediana

quedas

ΣPb = Soma da proporção abaixo do intervalo em que a mediana se insere

Pw = Proporção dentro do intervalo em que a mediana se insere

i = Largura do intervalo, que foi assumida como sendo igual a 1,0 (um)

O intervalo interquartil (Q = Q3 - Q1) para cada afirmação também foi calculado para determinar a ambiguidade envolvida na afirmação.

Para determinar o valor de Q no percentil 75th e no percentil 25th, foram utilizadas as seguintes fórmulas.

- $$C_{75} = L + \frac{0.75 - \sum Pb}{Pw} \times i$$

Onde,

$c75$ = O valor do percentil 75th da afirmação

L = Limite inferior do intervalo em que se situa o Centile 75 th

ΣPb = A soma da proporção abaixo do intervalo em que se situa o Centile 75 th

Pw = A proporção dentro do intervalo em que se situa o Centile 75 th

i = A largura do intervalo e assume-se que é igual a 1,0 (um)

- $$C_{25} = L + \frac{0.25 - \sum Pb}{Pw} \times i$$

Onde,

c_{25} = O valor de 25th centis da afirmação

L = O limite inferior do intervalo em que se situa o percentil 25th

ΣPb = A soma da proporção abaixo do intervalo em que se situa o percentil 25th

Pw = A proporção dentro do intervalo em que se situa o 25 $Centile^{th}$

i = A largura do intervalo e assume-se que é igual a 1,0 (um)

Quando houve uma boa concordância entre os juízes no julgamento do grau de desfavorabilidade ou favorabilidade de uma afirmação, observou-se um valor Q menor do que o valor da escala, mas quando houve relativamente pouca concordância entre os juízes, observou-se um valor Q maior do que o valor da escala. Só foram selecionados os itens cujo valor da escala (mediana) era superior ao valor Q. No entanto, quando alguns itens tinham os mesmos valores de escala, foram selecionados os itens com o valor Q mais baixo. Com base nos valores da escala (mediana) e do Q, foram finalmente selecionadas 14 afirmações para constituir a escala de atitudes.

As 14 afirmações selecionadas para o formato final da escala de atitudes foram dispostas aleatoriamente para evitar respostas tendenciosas. Em cada uma das 14 afirmações, havia cinco colunas que representavam um contínuo de cinco pontos de concordância ou discordância em relação às afirmações, de acordo com Likert (1932). Os pontos no continuum eram: concordo totalmente, concordo, indeciso, discordo e discordo totalmente, com pesos de 5, 4, 3, 2 e 1, respetivamente, para afirmações favoráveis e 1, 2, 3, 4 e 5, respetivamente, para afirmações desfavoráveis ou negativas. O formato final da escala é apresentado no Apêndice.

3.5.1.4 Fiabilidade da escala

Para medir a fiabilidade da escala, foi utilizada a técnica da divisão ao meio. As 14 afirmações foram divididas em duas metades iguais com 7 afirmações de número ímpar e 7 de número par. Estas foram administradas a 25 inquiridos que não foram selecionados para o estudo. Cada um dos dois conjuntos foi tratado como uma escala separada. Tendo obtido dois conjuntos de pontuação para cada um dos 25 inquiridos, o coeficiente de fiabilidade entre os dois conjuntos de pontuação foi calculado pela fórmula de Rulon (Guilford 1954), que foi de 0,83. Assim, a escala desenvolvida para o efeito foi considerada bastante fiável.

Onde,

rtt=Co-eficiente de fiabilidade

σ^2 ó =Variância destas diferenças

a^2 t=Variância das classificações totais

3.5.1.5 Administração da escala

A escala final de atitudes foi administrada aos agricultores selecionados para a amostra. As respostas foram recolhidas em cinco continuidades: concordo totalmente, concordo, indeciso, discordo e discordo totalmente, com uma ponderação de 5, 4, 3, 2 e 1, respetivamente, para as afirmações positivas, e pontuação inversa para as afirmações negativas. A pontuação total da atitude de cada inquirido foi obtida através da soma das pontuações das suas respostas a todas as afirmações e a classificação arbitrária dos inquiridos foi feita em cinco categorias: menos favorável, menos favorável, moderadamente favorável, mais favorável e mais favorável.

3.5.1.6 Validade da escala

A validade da escala foi examinada em termos de validade de conteúdo, determinando em que medida o conteúdo da escala representava o domínio em estudo. Uma vez que foi selecionado o maior número possível de itens que abrangiam o domínio em causa, através de discussões com peritos, da revisão da literatura e da adesão às classificações dos juízes, presumiu-se que o instrumento satisfazia a validade de conteúdo.

3.5.2 Medição da variável independente

3.5.2.1 Idade

É definida operacionalmente como uma idade cronológica de

Os inquiridos em anos no momento da entrevista. Os inquiridos foram classificados nas três categorias seguintes, de acordo com a sua idade.

N.º Sr.	Idade	Anos
1	Grupo etário jovem	Até 35
2	Grupo de meia-idade	36 a 50
3	Grupo de idade avançada	Acima de 50

3.5.2.2 Educação

A educação é um processo de produzir as mudanças desejadas no comportamento das pessoas. No contexto deste estudo, a educação é um aspeto importante da parte dos cultivadores de rosas que afecta a sua atitude em relação ao cultivo de rosas.

A educação foi operacionalizada aqui como o número de anos de educação formal atingidos pelos inquiridos e, nessa base, foram classificados em cinco categorias. O sistema de pontuação adotado foi o seguinte

N.º Sr.	Educação	Pontuação
1	Analfabeto	1
2	Ensino primário (1st a 7th std)	2
4	Ensino secundário (8th a 10th std)	3
5	Ensino secundário superior (11th e 12th std)	4
6	Graduação e superior	5

3.5.2.3 Experiência na cultura da rosa

Refere-se ao número de anos completos de experiência dos cultivadores de rosas no cultivo de rosas na altura da entrevista. De acordo com a sua experiência no cultivo de rosas, foram classificados em três grupos, como se mostra a seguir. Os dados relativos ao número de anos de experiência foram utilizados como pontuação para o estudo de correlação.

N.º Sr.	N.º do ano
1	Até 5 anos
2	6 a 10 anos
3	Mais de 10 anos

3.5.2.4 Participação social

A participação social no presente estudo foi operacionalizada como o grau em que um indivíduo estava associado a diferentes organizações sociais formais. A informação relativa à pertença dos inquiridos a diferentes organizações foi recolhida e quantificada com base no sistema de pontuação apresentado a seguir.

N.º Sr.	Categoria	Pontuação
1	Sem adesão	1
2	Ser membro de uma organização	2
3	Ser membro de mais de uma organização	3
4	Ser membro de mais de duas organizações	4
5	Posição na organização	5

3.5.2.5 Exploração fundiária

Terras efetivamente possuídas pelos inquiridos, em hectares foi considerado como tal para medir esta variável e, com base na sua propriedade fundiária, os inquiridos foram classificados da seguinte forma

N.º Sr.	Exploração de terras	Área (ha)
1	Marginal	Até 1,00
2	Pequeno	1,01 a 2,00
3	Médio	2,01 a 4,00
4	Grande	Acima de 4,00

3.5.2.6 Ocupação

A ocupação refere-se ao envolvimento dos inquiridos em diferentes actividades como fonte de rendimento para a sua subsistência. Os inquiridos, de acordo com a sua ocupação, foram classificados da seguinte forma. Além disso, a pontuação de 1, 2 e 3 foi atribuída à atividade agrícola apenas, à atividade agrícola + uma outra ocupação e à atividade agrícola + duas outras ocupações, respetivamente. O objetivo era estudar se o aumento do número de ocupações, juntamente com a agricultura, tem algum efeito na atitude dos inquiridos em relação ao cultivo de rosas.

N.º Sr.	Ocupação	Pontuação
1	Agricultura	1
2	Agricultura + criação de animais	2
3	Agricultura + criação de animais + serviço	3
4	Agricultura + negócios	2
5	Agricultura + criação de animais + negócios	3

3.5.2.7 Rendimento anual

Refere-se ao rendimento total, obtido anualmente pela família do inquirido a partir da agricultura e de outras fontes. Com base na informação assim recolhida dos inquiridos, estes foram agrupados da seguinte forma. Os dados sobre o rendimento anual como tal foram utilizados no estudo de correlação.

N.º Sr.	Categoria
1	Rendimento anual (até 2,50,000 euros)
2	Rendimento anual (entre 2,50.001 euros e 50,0.000 euros)
3	Rendimento anual (entre ' 5,00,001 e ' 7,50,000)
4	Rendimento anual (entre 7,50,001 euros e 10,00,000 euros)
5	Rendimento anual (superior a ' 10,00,001)

3.5.2.8 Contacto de extensão

É definido operacionalmente como a frequência com que um agricultor entra em contacto com diferentes agentes de extensão, nomeadamente o extensionista, o trabalhador ao nível da aldeia, o funcionário da agricultura, o funcionário do depósito de fertilizantes, o distribuidor de inseticida, o cientista da universidade agrícola, etc., para obter informações sobre a cultura da rosa.

A pontuação de 3 para regular, 2 para ocasional e 1 para nunca foi atribuída a cada contacto com a extensão, e assim a pontuação possível que poderia ser obtida pelo inquirido de acordo com o calendário estruturado variava entre 8 e 24; com base no qual os inquiridos foram arbitrariamente classificados da seguinte forma.

N.º Sr.	Contacto de extensão	Intervalo de pontuação
1	Muito baixo	08 a 11
2	Baixa	12 a 14
3	Médio	15 a 17
4	Elevado	18 a 20
5	Muito elevado	20 a 24

3.5.2.9 Exposição aos meios de comunicação social

Refere-se à natureza e à frequência da exposição/envolvimento dos agricultores em diferentes meios de comunicação social, como a rádio, a televisão, os jornais, as exposições, etc. Foi atribuída uma pontuação de 3, 2 e 1 à exposição "regular", "ocasional" e "nunca" do inquirido a cada um dos meios de comunicação social. O intervalo possível de pontuação total a obter, de acordo com o programa, era de 9 a 27.

Com base na pontuação total, os inquiridos foram categorizados nos cinco grupos seguintes, numa base arbitrária.

N.º Sr.	Nível de exposição aos meios de comunicação social	Pontuação
1	Muito baixo	09 a 12
2	Baixo	13 a 16
3	Médio	17 a 19
4	Elevado	20 a 23
5	Muito elevado	24 a 27

3.5.2.10 Motivação económica

A motivação económica dos agricultores foi medida com o
A escala foi desenvolvida por Supe (1969) com as devidas modificações. As respostas dos inquiridos foram obtidas em relação a cada item em termos do seu acordo ou desacordo com a afirmação, numa escala contínua de cinco pontos que vai do acordo absoluto ao desacordo absoluto. De um total de 6 afirmações, 5 afirmações (nºs 1, 2, 3, 4 e 5) eram positivas, enquanto a afirmação nº 6 era negativa (Anexo). As afirmações positivas e negativas foram classificadas da seguinte forma:

Declaração	Concordo plenamente	Concordo	Indecisos	Não concordo	Discordo totalmente
Positivo	5	4	3	2	1
Negativo	1	2	3	4	5

A pontuação da motivação económica de um inquirido individual era a soma total da pontuação de todas as afirmações incluídas na escala, que variava entre 6 e 30. Com base na pontuação efetivamente obtida pelos agricultores, estes foram arbitrariamente agrupados nas seguintes categorias

N.º Sr.	Categoria	Intervalo de pontuação
1	Muito baixo	06 a 10
2	Baixo	11 a 15
3	Médio	16 a 20
4	Elevado	21 a 25
5	Muito elevado	26 a 30

3.5.2.11 Orientação científica

Caracteriza-se por uma crença na ciência e numa abordagem científica para resolver os problemas na agricultura. Foi medida com a ajuda da escala desenvolvida por Patel (2009) com as devidas modificações.

As respostas dos inquiridos foram obtidas em relação a cada item em termos do seu acordo ou desacordo com a afirmação. A escala incluía catorze afirmações, das quais as afirmações 2, 5, 7, 9, 10, 11, 13 e 14 eram positivas, enquanto as afirmações 1, 3, 4, 6, 8 e 12 eram negativas. As afirmações positivas e negativas foram pontuadas da seguinte forma.

Declaração	Concordo plenamente	De acordo	Indecisos	Não concordo	Discordo totalmente
Positivo	5	4	3	2	1
Negativo	1	2	3	4	5

A pontuação possível de ser obtida pelos agricultores variava entre 14 e 70. Os agricultores foram então classificados arbitrariamente em cinco categorias, a saber

N.º Sr.	Categoria	Intervalo de pontuação
1	Muito baixo	14 a 25
2	Baixa	26 a 36
3	Médio	37 a 47
4	Elevado	48 a 58
5	Muito elevado	59 a 70

3.5.2.12 Orientação para os riscos

É o grau de disponibilidade dos agricultores para assumirem riscos na atividade agrícola. Para medir a orientação para o risco, foi utilizada a escala desenvolvida por Patel (2009), com ligeiras modificações. A concordância ou discordância dos agricultores foi medida em relação a cada afirmação, com o sistema de pontuação apresentado a seguir.

Declaração	Concordo	De	Indecisos	Não	Discordo

	plenamente	acordo		concordo	totalmente
Positivo	5	4	3	2	1
Negativo	1	2	3	4	5

Havia um total de 10 afirmações, das quais sete eram positivas, enquanto as restantes eram negativas. A pontuação total obtida pelos agricultores variou de 10 a 50. Os agricultores foram então classificados nas cinco categorias seguintes, numa base arbitrária, como se mostra a seguir.

N.º Sr.	Categoria	Intervalo de pontuação
1	Muito baixo	10 a 18
2	Baixo	19 a 26
3	Médio	27 a 34
4	Elevado	35 a 42
5	Muito elevado	43 a 50

3.5.3 Medição dos constrangimentos enfrentados pelos inquiridos

Por constrangimentos entende-se as dificuldades ou limitações enfrentadas pelos agricultores na adoção da cultura da rosa. Para determinar os constrangimentos, foi feita uma pergunta aberta aos agricultores para que indicassem as dificuldades que enfrentam na adoção da cultura da rosa. A intensidade de cada constrangimento foi calculada em percentagem de acordo com a frequência dos agricultores em relação aos constrangimentos e, finalmente, a classificação foi atribuída com base na percentagem.

3.5.4 Sugestões para ultrapassar os constrangimentos sentidos pelos inquiridos

Considerando os constrangimentos enfrentados pelos inquiridos e para os ultrapassar na adoção da cultura da rosa com sucesso, foi-lhes pedido que dessem as suas valiosas sugestões. As sugestões oferecidas foram classificadas com base no número e na percentagem de inquiridos que deram as respectivas sugestões.

3.6 Construção e pré-teste do guião de entrevista:

O programa da entrevista foi elaborado de forma a abranger todos os aspectos pertinentes à luz do objetivo. Este é apresentado em apêndice. Para elaborar o programa de entrevistas, o investigador utilizou a literatura disponível e também obteve orientações do guia principal, do comité consultivo e dos membros do pessoal da disciplina de Educação para a Extensão.

O pré-teste do programa de entrevistas foi efectuado através de entrevistas a dez inquiridos não incluídos na amostra. No momento do pré-teste, foi explicado aos inquiridos o objetivo da entrevista e do estudo. Com base no pré-teste, foram introduzidas as alterações necessárias no projeto final do programa de entrevistas.

3.7 Método de recolha de dados

Os dados deste estudo foram recolhidos através de uma entrevista pessoal com os cultivadores de rosas durante o mês de janeiro de 2014. Os produtores de rosas foram contactados pessoalmente na sua residência ou no seu local de trabalho de uma forma informal. Antes da entrevista, o investigador explicou-lhes as finalidades e os objectivos do estudo para obter respostas corretas e sinceras.

Foram feitos todos os esforços possíveis para manter uma atmosfera amigável, a fim de obter respostas imparciais dos inquiridos. As perguntas do programa de entrevistas foram colocadas uma a uma e as suas respostas foram registadas no local.

3.8 Quadro estatístico para a análise dos dados

Os dados foram classificados, tabulados e analisados de modo a tornar os resultados significativos para a interpretação e a realização de inferências. Para o efeito, foram utilizados diferentes métodos/ferramentas estatísticas, como se indica a seguir.

3.8.1 Frequência e percentagem

As comparações simples foram efectuadas com base na frequência e na percentagem.

3.8.2 Média aritmética

Estas estimativas foram utilizadas para classificar os inquiridos em diferentes categorias. A média foi obtida dividindo a pontuação total pelo número de inquiridos. A média foi calculada através da seguinte fórmula.

Onde,

$$\bar{X} = \frac{\sum Xi}{n}$$

$\bar{X}$ = Média

n= Número total de inquiridos

ΣXÏ = Soma da pontuação total da observação

3.8.3 Coeficiente de correlação (r)

Foi calculada para encontrar a relação entre cada uma das variáveis independentes e a variável dependente através da seguinte fórmula.

$$r = \frac{\Sigma(XY)}{\sqrt{[\Sigma X^2][\Sigma Y^2]}}$$

Onde, r=coeficiente de correlação

X=Variável independente

Y=Variável dependente

ΣXY = Soma do produto do desvio de X e Y em relação à sua média.

2 = ΣXSoma do quadrado do desvio de X e de o seu significado.

ΣY^2 = Soma do quadrado do desvio de Y e de o seu significado.

3.9 Modelo concetual

O quadro concetual apresentado na secção anterior pode ser apresentado de forma paradigmática através do modelo apresentado na Fig. 3, que é provisório e generalizado. A forma final desse modelo foi sugerida no final desta dissertação, no capítulo "resumo e conclusão".

CAPÍTULO IV

IV. RESULTADOS E DISCUSSÃO

Este capítulo apresenta os resultados do estudo em termos de objectivos. Tendo em conta os objectivos do estudo, a informação foi recolhida junto dos inquiridos, classificada, tabulada, analisada e apresentada de forma sistemática de acordo com as seguintes rubricas:

4.1 Perfil dos agricultores

4.2 Desenvolvimento de uma escala para medir a atitude dos agricultores em relação à cultura da rosa

4.3 Atitude dos agricultores em relação à cultura da rosa

4.4 Relação entre a atitude dos agricultores relativamente à cultura da rosa e o perfil dos agricultores

4.5 Constrangimentos enfrentados pelos agricultores na adoção da cultura da rosa

4.6 Sugestões dos agricultores para ultrapassar os constrangimentos enfrentados na adoção da cultura da rosa

4.7 Perfil dos agricultores

Identificar o perfil do agricultor foi um dos objectivos do presente estudo. Com base na revisão da literatura, foram selecionadas e estudadas algumas das caraterísticas pessoais, sociais, económicas, comunicacionais e psicológicas mais importantes do agricultor, cujos resultados são apresentados nas páginas seguintes.

4.1.1 Idade

A idade é uma caraterística pessoal importante de um indivíduo que pode influenciar a sua atitude em relação a uma determinada coisa. Tendo isto em consideração, foi estudada a idade dos agricultores. Foi-lhes pedido que indicassem a sua idade em anos completos, de acordo com a qual foram agrupados em três categorias, como mostra o Quadro 3.

Table 3: Inquiridos de acordo com a sua idade

n=60

N.º Sr.	Grupo etário	Frequência	Por cento
1	Jovens (até 35 anos)	09	15.00
2	Médio (entre 36 e 50 anos)	37	61.67
3	Idoso (mais de 50 anos)	14	23.33
Total		**60**	**100.00**

Os valores numéricos do quadro 3 mostram que um pouco mais de mais de três quintos (61,67%) dos inquiridos pertenciam ao grupo etário médio, seguidos de 23,33% no grupo etário idoso. Os restantes 15,00 por cento dos inquiridos pertenciam ao grupo etário jovem. Assim, pode inferir-se que a maioria dos inquiridos pertencia ao grupo etário médio.

A razão provável é que os demasiado jovens podem estar ocupados com os estudos e os demasiado velhos podem não ser capazes de se dedicar à agricultura e teriam confiado a responsabilidade da agricultura aos seus filhos. Por conseguinte, os agricultores de meia-idade são maioritários.

Esta conclusão é corroborada pelas conclusões de Trivedi (2000), Narayan (2004), Parashar (2004) e Macwana (2009).

4.1.2 Educação

Em geral, acredita-se que a educação formal abre o horizonte mental de um indivíduo e ajuda a promover o pensamento analítico que leva a desenvolver e a moldar a sua atitude em relação a assuntos ou objectos. Tendo em conta este aspeto, foi estudada a educação formal dos agricultores. Os dados relativos a este aspeto são apresentados no Quadro 4.

Table 4: Inquiridos de acordo com o seu nível de educação

n=60

Sr. Não.	Categoria de ensino	Frequência	Por cento
1	Analfabeto	05	08.33
2	Escola primária (até 7th)	08	13.33
3	Ensino secundário (8th a 10)th	11	18.34
4	Ensino secundário superior (11th a 12)th	24	40.00
5	Licenciado e superior	12	20.00
Total		**60**	**100.00**

Os dados apresentados no Quadro 4 revelam que exatamente dois quintos (40,00 por cento) dos produtores de rosas tinham um nível de ensino secundário superior, seguidos de 20,00 por cento, 18,34 por cento e 13,33 por cento que tinham um nível de ensino superior, secundário e primário, respetivamente. Apenas 8,33% dos cultivadores de rosas eram analfabetos. Concluindo, pode dizer-se que a maioria (78,34%) dos agricultores tinha pelo menos o nível secundário de educação.

As razões prováveis para uma maior literacia entre os cultivadores de rosas podem ser a perceção da importância da educação para moldar e desenvolver as suas vidas e a disponibilidade de instalações educativas na zona rural e na cidade vizinha. Também se pode dizer que o cultivo de rosas pode ter atraído os agricultores com educação superior.

Os resultados do estudo são parcialmente corroborados pelas conclusões de Macwana (2009) e Parashar (2004).

4.1.3Experiência na cultura da rosa

A experiência é também uma das variáveis que ajudam a moldar a atitude de um indivíduo em relação a um determinado objeto/assunto. A experiência leva gradualmente a pessoa a dominar o assunto, o que, por sua vez, ajuda a desenvolver uma atitude favorável. Os dados relativos à experiência dos agricultores na cultura da rosa são apresentados no Quadro 5.

Table 5: Inquiridos de acordo com a sua experiência em rosa cultivon=60

Sr. Não.	Experiência	Frequência	Por cento
1	Até 5 anos	12	20.00
2	6 a 10 anos	27	45.00
3	Mais de 10 anos	21	35.00
Total		**60**	**100.00**

Os dados apresentados no Quadro 5 revelam que menos de metade dos inquiridos (45,00 por cento) tinha 6 a 10 anos de experiência no cultivo de rosas, enquanto 35,00 por cento e 20,00 por cento tinham mais de 10 anos e 5 anos de experiência no cultivo de rosas, respetivamente.

A razão pode ser o facto de a maioria dos agricultores ter um nível de educação médio a elevado e um nível de rendimento comparativamente mais elevado. Além disso, as condições do solo, da água e do clima são favoráveis à cultura da rosa e os rendimentos líquidos são também atractivos. Tudo isto, em conjunto, teria feito com que os agricultores continuassem a cultivar rosas depois de a terem adotado pela primeira vez.

Esta conclusão está em consonância com as conclusões de Trivedi (2000), Parashar (2004) e Macwana (2009).

4.1.4Participação social

A participação social denota a participação dos inquiridos em diferentes organizações sociais. Aqueles que têm uma participação social mais alargada têm provavelmente mais orientação para a comunidade, conhecimentos e recursos que, por sua vez, podem afetar a formação da sua atitude em relação à cultura da rosa. Com isto em vista, a participação social dos inquiridos foi estudada e os dados são apresentados no Quadro 6.

Table 6: Os inquiridos, de acordo com o seu nível de participaçãon=60

Sr. Não.	Categoria de participação social	Frequência	Por cento
1	Sem adesão	36	60.00
2	Ser membro de uma organização	18	30.00
3	Ser membro de mais de uma organização	04	06.67
4	Ser membro de mais de duas organizações	00	00.00
5	Participação e desempenho de cargos	02	03.33
Tota		**60**	**100.00**

Os dados apresentados na tabela 7 mostram que exatamente três quintos (60,00 por cento) dos produtores de rosas não eram membros de nenhuma organização, enquanto 30,00 por cento deles eram membros de uma organização. Para além disso, 6,67% dos produtores de rosas eram membros de mais do que uma organização, enquanto 3,33% eram detentores de cargos e membros.

Pode inferir-se do quadro acima que a maioria dos agricultores tem pouca ou nenhuma participação social em qualquer organização. Isso pode ser devido à menor disponibilidade de tempo, pois o cultivo de rosas consome muito do seu tempo. Além disso, quase metade deles não tinha a criação de animais como sua ocupação, juntamente com a agricultura, ou então teriam, pelo menos, sido membros de cooperativas leiteiras que existem em quase todas as aldeias do distrito de Anand.

Esta constatação contradiz as conclusões de Bhosale (2010) e Darandale (2010)

4.1.5 Exploração fundiária

A terra é um requisito fundamental para a agricultura e a posse de terra é um dos factores mais importantes para avaliar o estatuto socioeconómico de uma pessoa. Assim, a posse de terras pode influenciar a atitude dos agricultores em relação à cultura da rosa. Tendo isto em conta, foram recolhidas informações sobre a propriedade fundiária dos agricultores, cujos dados são apresentados no quadro 7.

Quadro 7: Inquiridos segundo a sua propriedade fundiária

n=60

N.º Sr.	**Categoria de exploração das terras**	**Frequência**	**Por cento**
1	Marginal (até 1,00 ha)	09	15.00
2	Pequena (1,1 ha a 2,00 ha)	17	28.33
3	Médio (2,1 ha a 4,00 ha)	30	50.00
4	Grandes (acima de 4,00 ha)	04	06.67
Total		**60**	**100.00**

É óbvio, a partir dos dados apresentados no Quadro 7, que exatamente metade (50,00 por cento) dos agricultores possuía uma exploração fundiária de dimensão média, enquanto 28,33 por cento e 15,00 por cento possuíam uma exploração fundiária de dimensão média e pequena, respetivamente. Apenas 6,67% dos agricultores possuíam explorações de grande dimensão.

Os resultados indicam que a cultura da rosa era mais popular entre os agricultores com uma dimensão média e pequena de terras. Isto pode dever-se ao facto de a sua motivação económica ser elevada a média e de a cultura da rosa ser considerada mais rentável pelos agricultores do que outras culturas. Além disso, os agricultores com pequenas e médias explorações são muito comuns na área de estudo e os agricultores com grandes explorações são muito raros. Para além disso, os esforços feitos pelo departamento estatal de horticultura através da concessão de subsídios, especialmente aos agricultores marginais e pequenos, podem tê-los inspirado a optar pela cultura da rosa.

Resultados semelhantes foram registados por Trivedi (2000), Parashar (2004) e Patel (2010).

4.1.6 Profissão

A ocupação refere-se ao envolvimento dos inquiridos em diferentes actividades como fonte de rendimento para a sua subsistência. Para estudar este aspeto, foram recolhidas informações junto dos inquiridos, cujos dados são apresentados no Quadro 8.

Quadro 8: Inquiridos segundo a sua profissão

n = 60

Sr. Não.	Ocupação	Frequência	Por cento
1	Agricultura	24	40.00
2	Agricultura + criação de animais	17	28.33
3	Agricultura + criação de animais + Serviço	03	05.00
4	Agricultura + Negócios	07	11.67
5	Agricultura + criação de animais+ Negócios	09	15.00
Total		**60**	**100.00**

Os dados apresentados no Quadro 8 mostram que exatamente dois quintos (40,00 por cento) dos inquiridos se dedicavam apenas à agricultura, seguidos de 28,33, 15,00 e 11,67 por cento dos inquiridos que se dedicavam à agricultura + criação de animais, agricultura + criação de animais + negócio e agricultura + negócio, respetivamente.

A tabela acima mostra claramente que dois quintos dos agricultores tinham apenas a agricultura como sua ocupação principal, enquanto quase metade deles tinha a criação de animais como sua ocupação, juntamente com a agricultura. No centro de Gujarat, existe uma forte rede de trabalho da AMUL que inspira as famílias rurais a criar animais leiteiros e a ganhar mais. Esta é a razão provável para que a sua principal ocupação seja a agricultura, juntamente com a criação de animais.

Esta conclusão está em conformidade com as conclusões de Parashar (2004) e Pise (2006).

4.1.7Rendimento anual

Refere-se ao rendimento anual total da família através de todas as fontes. Os dados a este respeito foram recolhidos junto dos inquiridos, com base nos quais foram classificados em cinco grupos, de acordo com o Quadro 9.

Quadro 9: Inquiridos segundo o seu rendimento anual

n=60

Sr. Não.	Categoria de rendimento anual	Frequência	Por cento
1	Até ' 2,50,000	14	23.33
2	2,50,001 a 5,00,000 euros	25	41.67
3	5,00,001 a 7,50,000 euros	07	11.67
4	' 7, 50,001 a ' 10,00,000	09	15.00
5	Acima de ' 10,00,000	05	08.33
Total		**60**	**100.00**

O Quadro 9 mostra que um pouco mais de dois quintos (41,67%) dos produtores de rosas tinham rendimentos anuais entre 2,50.000 e 5,00.000 euros, seguidos de 23,33%, 15% e 11,67% com rendimentos anuais até 2,50.000 euros, 7,50.001 a 10,00.000 euros e 5,00.001 a 7,25.000 euros, respetivamente. Apenas 8,33% dos agricultores tinham um rendimento anual superior a 10 000 000 euros. Assim, pode concluir-se que a maioria (76,17%) dos produtores de rosas tinha um rendimento anual superior a 2 50 000 euros.

A razão provável para um rendimento comparativamente mais elevado, como se pôde saber através de uma conversa pessoal com eles, foi o facto de a cultura da rosa se ter revelado muito remuneradora para os agricultores.

Esta conclusão está em contradição com as conclusões de Parashar (2004) e Macwana (2009).

4.1.8 Contacto de extensão

O contacto com a extensão refere-se às frequências dos contactos feitos pelos agricultores com diferentes agências de extensão ou trabalhadores da extensão, quer locais quer fora da aldeia. Através do contacto com a extensão, os agricultores podem vir a saber muitas coisas novas que podem influenciar a formação da sua atitude em relação à cultura da rosa. Tendo isto em conta, esta variável foi estudada e os dados relativos a ela são apresentados no Quadro 10.

Quadro 10: Inquiridos de acordo com o seu contacto na extensão

n=60

Sr. Não.	**Categoria de contacto da extensão**	**Frequência**	**Por cento**
1	Muito baixo (8 a 11)	23	38.34
2	Baixo (12 a 14)	17	28.33
3	Médio (15 a 17)	12	20.00
4	Elevado (18 a 20)	06	10.00
5	Muito elevado (21 a 24)	02	03.33
Total		**60**	**100.00**

Observa-se no Quadro 10 que menos de dois quintos (38,34%) dos produtores de rosas tinham um nível muito baixo de contacto com a extensão, enquanto 28,33% e 20% deles tinham um nível baixo e médio de contacto com a extensão, respetivamente. Apenas 10,00 por cento e 3,33 por cento dos produtores de rosas tinham um nível alto e muito alto de contacto com a extensão, respetivamente.

Pode assim concluir-se que a maioria (66,67%) dos produtores de rosas tinha um nível muito baixo ou baixo de contacto com a extensão.

A maioria dos agricultores tinha um nível de educação entre o secundário e o superior, um nível médio a elevado de exposição aos meios de comunicação social e mais de 6 anos de experiência no cultivo de rosas, o que, por sua vez, os teria tornado suficientemente competentes para resolver os seus problemas. Por conseguinte, teriam sentido menos necessidade de contactos com a extensão. Por outro lado, as agências de extensão também poderiam não ter chegado até eles. O resultado acima pode ser atribuído a estes factos.

Esta constatação está em contradição com as conclusões de Macwana (2009), Borole (2010) e Patel (2010).

4.1.9 Exposição aos meios de comunicação social

A exposição a diferentes meios de comunicação social, como a rádio, a televisão, os jornais, as revistas agrícolas, a Internet, as exposições, etc., ajuda os agricultores a obterem as últimas informações técnicas e científicas e a manterem-se actualizados, contribuindo assim para moldar a sua atitude em relação à cultura da rosa. A informação a este respeito foi recolhida junto dos agricultores sobre a natureza e a frequência da sua exposição a diferentes meios de comunicação social. Os dados a este respeito são apresentados no Quadro 11.

Quadro 11: Inquiridos de acordo com a sua exposição aos meios de comunicação social

n=60

Sr. Não.	Nível de exposição aos meios de comunicação social	Frequência	Percentagem
1	Muito baixo (9 a 12)	03	05.00
2	Baixa (13 a 16)	09	15.00
3	Médio (17 a 19)	30	50.00
4	Elevado (20 a 23)	16	26.67
5	Muito elevado (24 a 27)	02	03.33
Total		**60**	**100.00**

Os dados apresentados no Quadro 11 indicam que exatamente metade (50,00 por cento) dos inquiridos tinha uma exposição média aos meios de comunicação social, enquanto 26,67 por cento e 15,00 por cento tinham um nível elevado e baixo de exposição aos meios de comunicação social, respetivamente. Apenas 5,00 e 03,33% dos inquiridos se encontravam no extremo, ou seja, com uma exposição muito baixa e muito elevada aos meios de comunicação social, respetivamente. Assim, pode concluir-se que 76,67% dos inquiridos tinham um nível médio a elevado de exposição aos meios de comunicação social.

As razões prováveis para tal podem ser o seu nível de educação mais elevado e a motivação económica, bem como a procura interior de novos conhecimentos.

Esta conclusão é semelhante aos resultados registados por Rathod (2009) e Bhosale (2010).

4.1.10 Motivação económica

É óbvio que os agricultores economicamente motivados estão mais orientados para a maximização do lucro da agricultura, uma vez que dão relativamente mais valor aos fins económicos. Podem considerar a atividade agrícola como uma empresa e esforçam-se por ganhar mais. Os dados relativos à motivação económica dos inquiridos são apresentados no Quadro 12.

Quadro 12: Inquiridos segundo a sua motivação económica

n=60

Sr. Não.	**Categoria de motivação económica**	**Frequência**	**Por cento**
1	Muito baixo (6 a 10)	00	00.00
2	Baixa (11 a 15)	02	03.33
3	Médio (16 a 20)	19	31.67
4	Elevado (21 a 25)	33	55.00
5	Muito elevado (26 a 30)	06	10.00
Total		**60**	**100.00**

O quadro 12 mostra claramente que um pouco mais de metade (55,00 por cento) dos produtores de rosas tinha uma motivação económica elevada, enquanto quase um terço (31,00 por cento) tinha uma motivação económica média. Além disso, 10% tinham uma motivação económica muito elevada, enquanto apenas 3,33% se enquadravam na categoria de baixa motivação económica. Nenhum dos inquiridos se encontrava na categoria de motivação económica muito baixa.

Pode assim inferir-se que a maioria (86,67 por cento) dos cultivadores de rosas tinha um nível alto a médio de motivação económica. Isto significa que a maioria dos cultivadores de rosas compreendeu a importância do cultivo de rosas para fins económicos mais elevados e, uma vez que se aperceberam do rendimento líquido mais elevado do cultivo de rosas, o seu interesse e desejo de ganhar ainda mais com o cultivo de rosas ter-se-ia tornado intenso, o que se reflecte no resultado.

Esta constatação contradiz as conclusões de Pise (2006), Macwana (2009) e Rathod (2009)

4.1.11 Orientação científica

Isto é caracterizado por uma crença na ciência e em abordagens científicas para resolver os problemas na agricultura. É verdade que os produtores de rosas com orientação científica estão sempre inclinados a utilizar métodos científicos na agricultura e têm uma atitude favorável em relação à profissão. Os dados relativos à orientação científica dos inquiridos são apresentados no Quadro 13.

Quadro 13: Inquiridos segundo a sua orientação científica

n=60

Sr. Não.	Categoria de orientação científica	Frequência	Por cento
1	Muito baixo (14 a 25)	00	00.00
2	Baixa (26 a 36)	01	01.66
3	Médio (37 a 47)	12	20.00
4	Elevado (48 a 58)	32	53.34
5	Muito elevado (59 a 70)	15	25.00
Total		**60**	**100.00**

Uma leitura dos dados apresentados no Quadro 13 revela que mais de metade (53,34%) dos produtores de rosas tinham um nível elevado de orientação científica, enquanto 25,00% e 20,00% dos produtores de rosas tinham um nível muito elevado e médio de orientação científica, respetivamente. Apenas um inquirido foi observado na categoria baixa e nenhum foi encontrado na categoria muito baixa de orientação científica.

Assim, pode concluir-se que 78,34% dos produtores de rosas têm uma orientação científica elevada a muito elevada.

O nível mais elevado de orientação científica entre os cultivadores de rosas pode ser o efeito combinado do seu nível mais elevado de outras caraterísticas, como a educação, a experiência no cultivo de rosas, a exposição aos meios de comunicação social e a motivação económica.

Esta constatação contradiz as conclusões de Macwana (2009), Darandale (2010) e Patel (2010).

4.1.12 Orientação para os riscos

A orientação para o risco é o grau de vontade de um indivíduo em assumir um risco calculado para alguma coisa. Quando um indivíduo assume riscos para conseguir algo, mas não consegue alcançar o resultado esperado, pode desenvolver uma atitude negativa em relação a essa coisa em particular e vice-versa. No contexto do presente estudo, a orientação para o risco desempenha, portanto, um papel importante na formação da atitude dos agricultores em relação à cultura da rosa. Os dados relativos à orientação para o risco dos produtores de rosas são apresentados no Quadro 14.

Quadro 14: Inquiridos segundo a sua orientação para o risco

n=60

Sr. Não.	Categoria de orientação para os riscos	Frequência	Por cento
1	Muito baixo (10 a 18)	00	00.00
2	Baixo(19 a 26)	00	00.00
3	Médio (27 a 34)	29	48.34
4	Elevado (35 a 42)	25	41.67
5	Muito elevado (43 a 50)	06	10.00
Total		**60**	**100.00**

A leitura do Quadro 14 revela que 48,34% dos produtores de rosas tinham uma orientação para o risco médio, seguidos de 41,67% com uma orientação para o risco elevado. Apenas 10,00 por cento dos inquiridos tinham um grau muito elevado de orientação para o risco. Nenhum dos inquiridos se encontrava na categoria de orientação para o risco baixa e muito baixa.

Em conclusão, pode afirmar-se que a grande maioria (90,00 por cento) dos produtores de rosas tinha uma orientação de risco médio a elevado. Também é bastante natural, uma vez que os produtores de rosas que são mais orientados economicamente, com um nível comparativamente mais elevado de educação, rendimento anual, experiência no cultivo de rosas e exposição aos meios de comunicação social, têm maior probabilidade de correr riscos calculados na agricultura.

Esta conclusão está em conformidade com as conclusões de Trivedi (2000), Parashar (2004), Macwana (2009), Darandale (2010) e Patel (2010). **4.2**

Desenvolvimento de uma escala para medir a atitude dos agricultores em relação à cultura da rosa

Para medir o grau de sentimentos positivos ou negativos dos agricultores em relação à cultura da rosa, foi desenvolvida uma escala através da adoção de uma metodologia sistemática. De entre as técnicas disponíveis, o investigador selecionou o "método do produto da escala", que combina a técnica de Thurstone de escala intervalar de igual aparência (1928) para a seleção dos itens e a técnica de Likert de classificação somada (1932) para determinar a resposta à escala, tal como proposto por Eysenck e Crown (1949). O procedimento de elaboração de uma escala já foi explicado no terceiro capítulo.

No entanto, o procedimento para selecionar as afirmações finais para medir a atitude dos agricultores em relação ao cultivo de rosas como uma ocupação foi aqui descrito com um exemplo e, finalmente, as afirmações selecionadas também foram apresentadas.

4.2.1 Procedimento para selecionar a afirmação final para medir a atitude

Os dados dos 50 juízes foram organizados na forma apresentada na Tabela 15. A tabela mostra a distribuição de frequências das apreciações efectuadas pelos juízes relativamente à afirmação n.º 05 em cinco categorias.

Tabela 15: Frequência da distribuição do julgamento efectuado pelos juízes em cinco categorias para a afirmação n.º 05.

n=50

Sr. Não.	**Distribuição do acórdão relativo à declaração n.º 05**		**Frequência**
1	Concordo plenamente	IIII	4
2	Concordo	IIII IIII *un* IIII IIII ИИ	30
3	Indecisos	IIII III	8
4	Não concordo	IIII I	6
5	Discordo totalmente	II	2
Total			**50**

Como mostra o Quadro 16, são utilizadas três linhas para cada afirmação. A primeira linha apresenta a frequência (f) com que a afirmação foi colocada em cada uma das cinco categorias. A segunda linha apresenta estas frequências como proporções (p). As proporções são obtidas dividindo cada frequência por n, ou seja, o número total de juízes (neste caso, 50). A terceira linha apresenta as proporções cumulativas (cp), ou seja, a proporção das decisões numa determinada categoria mais a soma de todas as proporções abaixo das categorias.

Quadro 16: Resumo das apreciações efectuadas pelos juízes em cinco categorias para a afirmação n.º 05.

Declaração N.º 20	**Ordenar categorias**					**Valor da escala**	**Q Valor**
	1	**2**	**3**	**4**	**5**		
F	04	30	08	06	02	2.2	1.15
P	0.08	0.60	0.16	0.12	0.04		
Cp	0.08	0.68	0.84	0.96	1		

Se a mediana da distribuição da avaliação de cada afirmação for considerada como o valor da escala da afirmação, então os valores da escala podem ser encontrados a partir dos dados apresentados no Quadro 16 através da seguinte fórmula.

$$\mathbf{S = L + \frac{0.50 - \sum Pb}{Pw} \times i}$$

Substituindo o número na fórmula acima para encontrar o valor da escala para a afirmação número 05 na Tabela 16, temos

$$\mathbf{S = 1.5 + \frac{0.50 - 0.08}{0.6} \times 1}$$

$$\mathbf{= 1.5 + 0.7}$$

$$\mathbf{= 2.2}$$

(Assume-se que o intervalo representado pelo número atribuído a uma determinada categoria varia entre 0,5 de uma unidade abaixo e 0,50 de uma unidade acima do número atribuído. Assim, o limite inferior do intervalo representado pela categoria à qual foi atribuído o número 2 é 1,5 e o limite superior é 2,5).

O valor da escala pode ser encontrado da mesma forma para as outras afirmações.

Thurstone e Chave (Edwards, 1957) utilizaram o intervalo interquartil Q como meio de variação da distribuição dos julgamentos para uma determinada afirmação. Para determinar o valor de Q, foram medidos dois outros pontos, o centil 75th e o centil 25th . O centésimo 25th foi obtido pela fórmula.

$$\mathbf{C25 = L + \frac{0.25 - \sum Pb}{Pw} \times i}$$

Onde,

C25= O valor mediano ou de escala da afirmação

L = Limite inferior do intervalo em que se situa o 25º centil

Pb = A soma da proporção abaixo do intervalo em que se situa o percentil 25 th

Pw = A proporção dentro do intervalo em que se situa o percentil 25 th

i = A largura do intervalo e assume-se como sendo igual a 1,0 (um).

Para a afirmação número 05 na Tabela 16, temos

$$= \mathbf{L} + \frac{0.25 - \sum \mathbf{Pb}}{\mathbf{Pw}} \times \mathbf{i}$$

$$= \mathbf{1.5} + \frac{0.25 - 0.08}{0.06} \times \mathbf{1}$$

$$= \mathbf{1.5 + 0.28}$$

C25 = 1.78

75th centile foi obtido pela seguinte fórmula.

$$\mathbf{C75} = \mathbf{L} + \frac{0.75 - \sum \mathbf{Pb}}{\mathbf{Pw}} \times \mathbf{i}$$

Onde,

C75 = O valor mediano ou de escala da afirmação

L = Limite inferior do intervalo em que se situa o percentil 75 th

Pb = A soma da proporção abaixo do intervalo em que se situa o percentil 75 th

Pw = A proporção dentro do intervalo em que se situa o percentil 75 th

i = A largura do intervalo e assume-se que é igual a
1.0 (um).

Para a afirmação número 05 da Tabela 16, temos,

$$\mathbf{C75} = \mathbf{L} + \frac{0.75 - \sum \mathbf{Pb}}{\mathbf{Pw}} \times \mathbf{i}$$

$$= \mathbf{2.5} + \frac{0.75 - 0.68}{0.16} \times \mathbf{1}$$

$$= \mathbf{2.5 + 0.43}$$

C75 = 2.93

Então, o intervalo interquartil seria dado tomando a diferença entre C75 e C25, assim,

Q = C75 - C25

Substituindo os valores

Q = 2.93 - 1.78

= 1.15

Desta forma, o intervalo interquartil (Q) para cada afirmação foi calculado para determinar a ambiguidade envolvida nas afirmações. Só foram selecionadas as afirmações cujos valores medianos eram superiores ao valor Q. No caso da afirmação 05, S = 2,2 e Q = 1,15; por conseguinte, foi selecionada a afirmação número 05.

Thurstone e Chave (Edward, 1957) descreveram outro critério, para além do

Q, como base para rejeitar a afirmação em escalas construídas pelo método do intervalo de aparência igual. Assim, quando algumas afirmações tinham os mesmos valores de escala, era selecionada a afirmação com os valores Q mais baixos. Para compreender este procedimento, podemos examinar as afirmações da escala na Tabela 17. As afirmações foram organizadas de acordo com o valor ascendente da escala.

Tabela 17: Método de seleção das afirmações para a escala com base no valor da escala e no intervalo interquartil.

DECLARAÇÃO N.	VALOR DA ESCALA (S)	VALOR DO QUARTIL (Q)	SELECCIONADO/ NÃO SELECCIONADO
24	1.2	2.12	Não selecionado
03	1.5	1.23	Selecionado
01	1.6	2.57	Não selecionado
18	1.7	1.14	Selecionado
20	1.7	2.06	Não selecionado
11	1.8	1.15	Não selecionado
15	1.8	1.12	Selecionado
22	1.8	2.20	Não selecionado
09	2.0	0.84	Selecionado
13	2.1	1.15	Selecionado
25	2.1	3.08	Não selecionado
05	2.2	1.15	Selecionado
07	2.2	1.44	Não selecionado
14	2.2	1.62	Não selecionado
17	2.3	2.17	Selecionado
10	2.5	2.15	Selecionado
02	2.6	1.85	Selecionado
23	2.6	2.08	Não selecionado
21	3.1	3.45	Não selecionado
4	3.3	1.9	Selecionado
8	3.6	1.96	Selecionado
16	3.6	2.05	Não selecionado
6	3.7	2.18	Selecionado
19	3.8	2.34	Selecionado
12	3.9	1.76	Selecionado
26	3.9	2.14	Não selecionado

Quadro 18: Declarações selecionadas para o estudo de investigação

Sr. Não.	Declarações	SA	A	UDA	D	SD
1.	A adoção da cultura da rosa é bastante difícil para os pequenos agricultores e os agricultores marginais. (-)					
2.	O cultivador de rosas mais bem sucedido é aquele que obtém o máximo rendimento					

	com o mínimo de custos. (+)					
3.	É preferível cultivar outras culturas tradicionais do que optar pela cultura da rosa. (-)					
4.	Penso que as pessoas com poucos recursos também podem cultivar rosas. (+)					
5.	Considero que a cultura da rosa só é possível para os agricultores ricos. (-)					
6.	Na minha opinião, adotar a cultura da rosa significa correr riscos. (-)					
7.	A cultura da rosa pode melhorar o nível de vida dos produtores. (+)					
8.	Penso que o custo da cultura das rosas é muito elevado. (-)					
9.	O investimento na cultura de rosas é um desperdício de dinheiro. (-)					
10.	A cultura de rosas garante um rendimento garantido ao agricultor. (+)					
11.	O cultivo de rosas é a forma mais eficaz de utilizar os membros da família. (+)					
12.	Penso que o cultivo de rosas é adequado apenas para os agricultores que dispõem de instalações de irrigação. (-)					
13.	Os produtores de rosas podem obter bons preços se adoptarem práticas de gestão pós-colheita. (+)					
14.	Penso que o cultivo de rosas é como um jogo. (-)					

SA = Concordo fortemente, **A** = Concordo**, UD** = Indeciso,
D = Discordo**,** **SD** = Discordo totalmente

4.2.5 Declaração final para a escala de atitudes

Quando houve uma boa concordância entre os juízes no julgamento do grau de concordância ou discordância de uma afirmação, o Q foi menor em relação ao valor de escala obtido. Assim, apenas foram selecionadas as afirmações cujos valores da mediana (escala) eram superiores aos valores de Q. No entanto, quando algumas afirmações tinham valores de escala mais ou menos semelhantes, foram selecionadas as afirmações com o valor Q mais baixo. Com base nos valores da mediana e do Q, foram finalmente selecionadas 14 afirmações da lista original, em número de 2,3,4,5,6,8,9,10,12,13,15,17,18 e 19, para constituir a escala de atitudes.

4.2.6 Administração da escala

As 14 afirmações selecionadas para o formato final da escala de atitudes foram dispostas aleatoriamente para evitar enviesamentos de resposta, que poderiam contribuir para uma baixa fiabilidade e para a diminuição da validade da escala. Das 14 afirmações selecionadas, oito afirmações eram indicadores de atitude desfavorável e seis afirmações eram indicadores de atitude favorável. Em relação a estas 14 afirmações, existiam cinco colunas que representavam um continuum de cinco pontos de concordância e discordância em relação às afirmações, tal como seguido por Likert (1932) na sua técnica de avaliação sumária da medição da atitude. Os cinco pontos do continuum eram: concordo totalmente, concordo, indeciso, discordo e discordo totalmente, com pesos respectivos de 5, 4, 3, 2 e 1 para as afirmações favoráveis e com pesos respectivos de 1, 2, 3, 4 e 5 para as afirmações desfavoráveis. Os pesos da técnica de Likert e o valor da escala da técnica de Thurston foram combinados sob a forma de um produto e a pontuação total de um indivíduo foi a soma do produto.

4.2.7 Fiabilidade da escala

Uma escala é fiável se produzir consistentemente os mesmos resultados quando aplicada à mesma amostra. No presente estudo, foi utilizado o método "split-half" para testar a fiabilidade devido ao tempo e aos recursos limitados de que o investigador dispunha.

As 14 afirmações foram divididas em duas metades, com 7 afirmações de número ímpar numa metade e 7 afirmações de número par na outra. Estas foram administradas a 25 inquiridos. Cada um dos dois conjuntos de afirmações foi tratado como uma escala separada e, em seguida, estas duas subescalas foram correlacionadas. O coeficiente de fiabilidade foi calculado segundo a fórmula de Rulon (Guilford, 1954), que se cifrou em 0,83. Assim, a escala desenvolvida foi considerada altamente fiável. Para compreender este procedimento, podemos examinar as afirmações da escala na Tabela 20.

Quadro 19: Fiabilidade da escala

Respo ndentes	Pontuação do Estado ímpar.	Pontuação do estado par.	D (X0-Xe)	d^2	T (X0 + Xe)	t^2
1	21	23	-2	4	44	1936
2	27	22	5	25	49	2401
3	21	23	-2	4	44	1936
4	31	29	2	4	60	3600

5	32	30	2	4	62	3844
6	28	26	2	4	54	2916
7	24	27	-3	9	51	2601
8	22	21	1	1	43	1849
9	22	24	-2	4	46	2116
10	28	30	-2	4	58	3364
11	27	24	3	9	51	2601
12	21	23	-2	4	44	1936
13	25	23	2	4	48	2304
14	22	24	-2	4	46	2116
15	22	24	-2	4	46	2116
16	22	24	-2	4	46	2116
17	29	27	2	4	56	3136
18	31	29	2	4	60	3600
19	29	29	0	0	58	3364
20	27	26	1	1	53	2809
21	27	23	4	16	50	2500
22	26	24	2	4	50	2500
23	27	23	4	16	50	2500
24	25	23	2	4	48	2304
25	29	27	2	4	56	3136
Total			**Ed=17**	**Ed² = 141**	**Et=1273**	**Et² = 65601**

Rulon's Fórmula:

$$\mathbf{rtt} = 1 - \frac{\sigma^2 d}{\sigma^2 t}$$

Onde;

$$\sigma^2 d = \frac{\sum d^2 - \frac{(\sum d)^2}{25}}{25}$$

$$\sigma^2 t = \frac{\sum t^2 - \frac{(\sum t)^2}{25}}{25}$$

Cálculo:

$\sum d = 17$

$\sum d^2 = 141$

$t = 1273$

$\sum t^2 = 65601$

$N = 25$

$$\sigma^2 d = \frac{\sum d^2 - \frac{(\sum d)^2}{25}}{25}$$

$$= \frac{141 - \frac{(17)^2}{25}}{25}$$

$$= \frac{141 - 11.56}{25}$$

$$= \frac{140.32}{25}$$

$$= 5.17$$

$$\sigma^2 t = \frac{\sum t^2 - \frac{(\sum t)^2}{25}}{25}$$

$$= \frac{65601 - \frac{(1273)^2}{25}}{25}$$

$$= \frac{65601 - \frac{1620529}{25}}{25}$$

$$= \frac{65601 - 64821.16}{25}$$

$$= \frac{779.84}{25}$$

$$= 31.19$$

$$rrt = 1 - \frac{\sigma^2 d}{\sigma^2 t}$$

$$= 1 - \frac{5.17}{31.19}$$

$$= 1 - 0.17$$

$$= 0.83$$

4.2.8 Validade de conteúdo da escala

A validade da escala foi examinada em termos de validade de conteúdo, determinando em que medida o conteúdo da escala é representativo do domínio em estudo. Uma vez que foi selecionado o maior número possível de itens sobre o tema em estudo, através de discussões com os peritos, da revisão da literatura e do cumprimento rigoroso das classificações dos juízes, partiu-se do princípio de que a escala tem uma validade de conteúdo satisfatória.

4.3 Atitude dos agricultores em relação à cultura da rosa

Para medir a atitude dos agricultores em relação à cultura da rosa, foi aplicada uma escala desenvolvida pelo próprio investigador. Os dados relativos à atitude dos agricultores em relação à cultura da rosa são apresentados de forma arbitrária no Quadro 20.

Quadro 20: Inquiridos segundo a sua atitude em relação à cultura da rosa

n=60

Sr. Não.	Nível de atitude	Frequência	Por cento
1	Menos favorável (14 a 24)	00	00.00
2	Menos favorável (25 a 35)	02	03.33
3	Moderadamente favorável (36 a 48)	21	35.00
4	Mais favoráveis (49 a 59)	23	38.34
5	Mais favorável (60 a 70)	14	23.33
Tota		**60**	**100.00**

Os dados apresentados no Quadro 20 ilustram que quase dois quintos (38,34%) dos agricultores tinham uma atitude mais favorável em relação à cultura da rosa, enquanto 35,00% e 23,33% tinham uma atitude moderadamente favorável e mais favorável em relação à cultura da rosa, respetivamente. Apenas 3,33% dos agricultores tiveram uma atitude menos favorável em relação à cultura da rosa. Nenhum dos inquiridos foi encontrado na categoria de atitude menos favorável.

Da discussão anterior, pode concluir-se que a maioria (73,34%) dos agricultores tinha uma atitude mais ou moderadamente favorável em relação à cultura da rosa.

A perceção por parte dos agricultores de que o potencial da cultura da rosa para ganhar mais dinheiro e melhorar o nível de vida é muito elevado pode tê-los tornado mais inclinados para a cultura da rosa. Esta pode ser a razão para um nível mais alto de atitude favorável entre os agricultores em relação ao cultivo de rosas.

Esta conclusão é semelhante aos resultados comunicados por Patel e Chauhan (2004), Patel (2005) e Pise (2006).

4.4 Relação entre o perfil dos agricultores e a sua atitude em relação à cultura da rosa.

Para determinar a relação entre o perfil dos agricultores e a sua atitude em relação à cultura da rosa, foi calculado o coeficiente de correlação. No total, foram estudadas doze caraterísticas pessoais, sociais, económicas, comunicacionais e psicológicas dos agricultores. As correlações de ordem zero são apresentadas no Quadro 21, que é discutido nos subtítulos seguintes:

4.4.1 Idade e atitude

O quadro 21 mostra claramente que existe uma correlação negativa e não significativa (r= -0,125) entre a idade e a atitude dos agricultores e a sua atitude em relação à cultura da roseira. Isto reflecte que a idade não influenciou a atitude dos agricultores em relação à cultura da rosa. Por conseguinte, aceita-se a hipótese nula de que "não há relação entre a idade dos agricultores e a sua atitude em relação à cultura da rosa".

Resultados semelhantes foram registados por Patel (2005), Patel (2006) e Darandle (2010).

4.4.2 Educação e atitude

Os dados apresentados no quadro 21 indicam claramente que existe uma correlação positiva e altamente significativa (r = 0,345**) entre as habilitações literárias dos agricultores e a sua atitude em relação à cultura da rosa. Por conseguinte, rejeita-se a hipótese nula de que "não existe relação entre as habilitações literárias dos agricultores e a sua atitude em relação à cultura da rosa".

Os agricultores com um nível de instrução mais elevado podem ser mais receptivos a novos conhecimentos, podem ter mais capacidade de apreensão e, portanto, teriam compreendido a importância da cultura da rosa para ganhar mais com uma unidade de terra. Esta pode ser a razão da associação significativa entre a educação e a atitude dos agricultores em relação à cultura da rosa.

Resultados semelhantes foram registados por Patel (2006), Sharnagat (2008) e Darandle (2010).

Quadro 21: Relação entre o perfil dos agricultores e a sua atitude em relação à cultura da rosa.

N.º Sr.	Variáveis independentes	Coeficiente de correlação (valor "r")
1	Idade	-0.125
2	Educação	0.345**
3	Experiência no cultivo de rosas	0.343**
4	Participação social	0.184
5	Exploração de terras	0.051
6	Ocupação	0.823**
7	Rendimento anual	0.235
8	Contacto de extensão	-0.240
9	Exposição nos meios de comunicação social	0.395**
10	Motivação económica	0.348**
11	Orientação científica	0.281*

12	Orientação para o risco	0.500**

* significativo ao nível de 0,05** significativo ao nível de 0,01

4.4.3 Experiência no cultivo de rosas e atitude

Os dados apresentados no Quadro 21 ilustram que existe uma correlação positiva e altamente significativa (r = 0,343**) entre a experiência dos agricultores no cultivo de rosas e a sua atitude em relação a esse cultivo. Assim, rejeita-se a hipótese nula de que "não há relação entre a experiência dos agricultores na cultura de rosas e a sua atitude em relação à cultura de rosas", inferindo-se que a experiência dos cultivadores de rosas desempenha um papel importante na sua atitude em relação à cultura de rosas.

Como se diz que a experiência é o melhor professor, uma maior experiência no cultivo de rosas pode ter-lhes ensinado muitas coisas sobre o cultivo de rosas e ajudá-los a dominar as práticas de cultivo de rosas para que se possa obter mais lucro. Assim, uma maior experiência deve tê-los deixado mais convencidos da importância do cultivo de rosas para um maior rendimento líquido. Esta pode ser a razão para este resultado.

Resultados semelhantes foram registados por Pise (2006) e Zala (2008).

4.4.4 Participação social e atitude

A análise do Quadro 21 mostra claramente que a participação social dos agricultores tem uma correlação positiva e não significativa (r = 0,184) com a sua atitude em relação à cultura da rosa. Isto significa que a participação social não afectou a atitude dos agricultores em relação à cultura da rosa. Observou-se uma maior homogeneidade entre os agricultores em termos da sua participação social, o que se reflectiu nesta associação não significativa.

Assim, aceita-se a hipótese nula de que "não há relação entre a participação social dos agricultores e a sua atitude em relação à cultura da rosa" e conclui-se que a participação social não tem um papel vital a desempenhar na formação da atitude dos agricultores em relação à cultura da rosa.

Esta constatação contradiz as conclusões de Zala (2008) e Darandale (2010).

4.4.5 Posse de terra e atitude

Os dados apresentados no quadro 21 indicam que a posse de terras tem uma correlação positiva e não significativa (r = 0,051) com a atitude dos agricultores em relação à cultura da rosa. Isto significa que não se observaram mudanças significativas na atitude dos agricultores em relação à sua propriedade fundiária. Isto pode dever-se ao facto de os produtores de rosas, independentemente da sua propriedade fundiária, terem compreendido a importância da cultura de rosas para a obtenção de rendimentos mais elevados.

Por conseguinte, aceita-se a hipótese nula de que "não existe relação entre a propriedade fundiária dos agricultores e a sua atitude em relação à cultura da rosa" e conclui-se que a propriedade fundiária não teve influência significativa na formação da atitude dos agricultores em relação à cultura da rosa.

Resultados semelhantes foram obtidos por Patel (2006) e Zala (2008).

4.4.6 Profissão e atitude

Os dados apresentados na Tabela 21 revelam que a ocupação teve uma correlação positiva e altamente significativa (r = 0,823**) com a atitude em relação ao cultivo de rosas. Tal como é conceptualizado no estudo, isso significa que se observou uma atitude mais favorável entre os agricultores que se dedicavam a outras ocupações para além da agricultura. Talvez devido ao envolvimento em mais ocupações, a sua empatia na assunção de papéis possa ser maior, com um horizonte mental alargado. Além disso, podem também ter-se apercebido de que a atividade agrícola (através do cultivo de rosas) é mais remuneradora e rentável do que outras actividades e, por isso, podem ter-se inclinado mais para o cultivo de rosas.

Por conseguinte, a hipótese nula de que "não existe relação entre a profissão dos agricultores e a sua atitude em relação à cultura da rosa" é rejeitada, concluindo-se que a profissão tem um papel significativo na formação da atitude dos agricultores em relação à cultura da rosa.

Esta conclusão foi corroborada pelas conclusões de Pise (2006) e Zala (2008).

4.4.7 Rendimento anual e atitude

A leitura do Quadro 21 revela que a correlação entre o rendimento anual e a atitude dos agricultores foi positiva e não significativa (r = 0,235). A direção positiva é indicativa do facto de a atitude em relação à cultura da rosa ser mais favorável entre os agricultores com maior rendimento anual; no entanto, não foi possível estabelecer uma associação significativa.

Por conseguinte, aceita-se a hipótese nula de que "não há relação entre o rendimento anual dos agricultores e a sua atitude em relação à cultura de rosas". Independentemente do seu rendimento anual, os agricultores teriam compreendido a importância da cultura de rosas. Este facto pode ter-se refletido neste resultado.

Esta constatação contradiz as conclusões de Patel (2005), Borole (2010) e Darandale (2010).

4.4.8 Contacto e atitude em relação à extensão

Como se pode ver nos dados apresentados no Quadro 21, o contacto com os extensionistas teve uma correlação negativa e não significativa (r = - 0,240) com a atitude dos agricultores em relação à cultura da rosa. Isto indica que o contacto com os extensionistas não teve influência na formação da atitude dos agricultores em relação à cultura da rosa. Isto pode dever-se ao facto de as agências de extensão não darem a devida importância à cultura da rosa.

Assim, aceita-se a hipótese nula de que "não existe relação entre o contacto dos agricultores com a extensão e a sua atitude em relação à cultura da rosa".

Esta conclusão contradiz as conclusões de Patel (2006), Pise (2006) e Darandale (2010).

4.4.9 Exposição aos meios de comunicação social e atitude

Os dados apresentados no Quadro 21 mostram claramente que existe uma relação positiva e altamente significativa (r= 0,395**) entre a exposição aos meios de comunicação social e a atitude dos agricultores em relação à cultura da rosa. Isto significa que se observou uma atitude mais favorável entre os agricultores com maior exposição aos meios de comunicação social. A razão provável pode ser que o nível mais elevado de exposição aos meios de comunicação social os teria ajudado a manterem-se actualizados com as informações mais recentes e, assim, a cultivarem rosas de forma mais eficaz e rentável.

Por conseguinte, a hipótese nula de que "não existe relação entre a exposição dos agricultores aos meios de comunicação social e a sua atitude em relação à cultura da rosa" é rejeitada, concluindo-se que a exposição aos meios de comunicação social teve um papel significativo na formação da atitude dos agricultores em relação à cultura da rosa.

Esta constatação é semelhante às relatadas por Zala (2008) e Borole (2010).

4.4.10 Motivação e atitude económica

É óbvio, a partir dos dados apresentados no Quadro 21, que a motivação económica dos agricultores tem uma relação positiva e altamente significativa (r = 0,348**) com a sua atitude em relação à cultura da rosa. Isto significa que quanto maior for a motivação económica dos agricultores, maior será a sua atitude favorável em relação à cultura da rosa. Por conseguinte, rejeita-se a hipótese nula de que "não há relação entre a motivação económica dos agricultores e a sua atitude em relação à cultura da rosa".

A razão provável pode ser que os agricultores que tinham maior motivação económica estavam mais inclinados a maximizar o rendimento da agricultura; e o cultivo de rosas provou ser muito encorajador e remunerador. Isto teria desenvolvido entre eles uma atitude mais favorável em relação ao cultivo de rosas. Assim, pode concluir-se que a motivação económica teve uma influência significativa na atitude dos agricultores em relação à cultura da rosa.

Esta conclusão está em conformidade com as conclusões de Patel (2005), Sharnagat (2008) e Aski *et al.* (2010).

4.4.11 Orientação e atitude científicas

Os dados apresentados no Quadro 21 indicam que existe uma correlação positiva e significativa (r = 0,281*) entre a orientação científica e a atitude dos agricultores em relação à cultura da rosa. Isto significa que os agricultores mais orientados cientificamente têm uma atitude mais favorável. É bastante óbvio que os agricultores com uma orientação científica elevada acreditam firmemente no potencial da ciência e estão mais inclinados a utilizar e adotar métodos científicos e as tecnologias mais recentes na agricultura, o que resultaria num aumento da sua produção, o que, por sua vez, ajudaria a formar uma atitude favorável entre eles.

Assim, a hipótese nula de que "não existe relação entre a orientação científica dos agricultores e a sua atitude em relação à cultura da rosa" é rejeitada, inferindo-se que o papel da orientação científica dos agricultores na formação da sua atitude em relação à cultura da rosa é vital.

Esta conclusão está em conformidade com as conclusões de Pise (2006).

4.4.12 Orientação e atitude face ao risco

Os dados apresentados no Quadro 21 ilustram que a orientação para o risco tem uma correlação positiva e altamente significativa (r = 0,500**) com a atitude dos agricultores em relação à cultura da rosa. Isto indica que a atitude mais favorável foi observada entre os agricultores que tinham uma elevada orientação para o risco.

A razão provável pode ser o facto de os agricultores com maior orientação para o risco serem mais propensos a correr riscos calculados na agricultura, o que lhes pode trazer sucesso e, quando o sucesso é alcançado, a atitude torna-se mais favorável.

Assim, rejeita-se a hipótese nula de que "Não existe relação entre a orientação para o risco dos agricultores e a sua atitude em relação à cultura da rosa", inferindo-se que a orientação para o risco é um fator vital na formação da atitude do agricultor em relação à cultura da rosa.

Esta conclusão é semelhante à de Pise (2006), Sharnagat (2008) e Darandale (2010).

4.5 Constrangimentos enfrentados pelos agricultores na adoção da cultura da rosa

Pode haver muitas limitações no caminho dos agricultores para adoptarem a cultura da rosa. Se esses constrangimentos forem identificados, podem ser tomadas medidas corretivas. Nesta perspetiva, os agricultores foram convidados a exprimir os seus constrangimentos na adoção da cultura da rosa.

Foram calculadas a frequência e a percentagem de cada constrangimento. Os dados a este respeito são apresentados no Quadro 22.

Quadro 22: Constrangimentos enfrentados pelos agricultores na adoção da rosa

cultivon=60

Sr. Não.	Restrições	Número	Por cento	Classificação
1	Efeito negativo na qualidade da flor devido a condições climatéricas adversas	46	76.66	I
2	Flutuação do preço da rosa	42	70.00	II
3	Indisponibilidade de variedades de cultura de rosas	40	66.67	III

4	Custo elevado dos insecticidas e pesticidas	37	61.67	IV
5	Elevado custo dos fertilizantes e da farinha de aveia	35	58.33	V
6	Falta de mercado	32	53.33	VI
7	Carga pesada dos comissionistas	29	48.33	VII
8	Custos elevados de transporte	25	41.67	VIII
9	Falta de orientação técnica em tempo útil	21	35.00	IX

As seen from the Table 22, the major important constraints faced by the farmer in adopting rose cultivation were: adverse effect on flower quality by adverse weather sometimes (76.66 per cent), fluctuation in price of rose (70.00 per cent), unavailability of improved varieties of rose crop (66.67%), alto custo de insecticidas e pesticidas (61,67%), alto custo de fertilizantes e FYM (58,33%), falta de facilidades de mercado (53,33%), pesados encargos com agentes de comissão (48,33%) e pesados encargos de transporte (41,67%) e falta de orientação técnica em tempo oportuno (35,00%).

4.6 Sugestões feitas pelos agricultores para superar os constrangimentos que enfrentam

Também foi feita uma tentativa de obter sugestões dos agricultores para superar vários constrangimentos enfrentados por eles na adoção da cultura da rosa. Pediu-se aos agricultores que dessem as suas valiosas sugestões contra as dificuldades que enfrentam na adoção da cultura da rosa. As sugestões dadas pelos agricultores foram recolhidas, resumidas e apresentadas no Quadro 23.

As principais sugestões aprovadas pelos agricultores para ultrapassar os seus constrangimentos na adoção da cultura da rosa foram as seguintes A informação sobre o cultivo de rosas deve ser disponibilizada atempadamente pelo pessoal da extensão (81,67%), vários insumos de produção em quantidade suficiente devem ser disponibilizados a tempo (75,00%), incentivos e subsídios de insumos devem ser fornecidos para incentivar a produção de rosas (65,00%) e um sistema de marketing eficaz e eficiente deve ser desenvolvido (53,33%). Outras sugestões foram: criação de instalações de armazenamento a frio em vários pontos de produção (41,67%), formação para a produção orientada para a exportação (33,33%).

Quadro 23: Sugestões dadas pelos agricultores para ultrapassar os constrangimentos que enfrentamn=60

Sr. Não.	Sugestões	Número	Por cento	Classificação
1.	A informação sobre a cultura das rosas deve ser disponibilizada em tempo útil pelos extensionistas	49	81.67	I
2.	Devem ser disponibilizados atempadamente vários factores de produção em quantidade suficiente	45	75.00	II
3.	Devem ser concedidos incentivos e subsídios aos factores de produção para encorajar a produção de rosas	39	65.00	III
4.	Deve ser desenvolvido um sistema de comercialização eficaz e eficiente	32	53.33	IV
5.	Devem ser criadas instalações de armazenagem frigorífica em vários pontos de produção	25	41.67	V
6.	Deve ser prestada formação para a produção orientada para a exportação	20	33.33	VI

V. RESUMO E CONCLUSÕES

Neste capítulo, é apresentada uma descrição sucinta do presente estudo no que diz respeito ao resumo, aos principais resultados, às conclusões, ao modelo empírico, às implicações e às sugestões para investigação futura.

5.1 RESUMO:

O cultivo de flores e a jardinagem são praticados na Índia há muitos séculos. A utilização de flores, que se limitava em grande medida à oferta nos templos, está a tornar-se parte integrante das actividades sociais, culturais e religiosas. No entanto, o cultivo de flores numa base comercial é uma atividade recente. A procura de flores está a aumentar tanto no mercado local como no internacional. Atualmente, a floricultura comercial é uma importante atividade orientada para a exportação, com elevados rendimentos e muitas divisas.

Entre muitas flores, a rosa (*Rose indica*) é uma das belas criações da natureza e universalmente aclamada como a "Rainha das Flores". A rosa é certamente a mais conhecida e a mais popular de todas as flores de jardim em todo o mundo e tem vindo a crescer na terra há muitos milhões de anos devido à sua grandeza de floração e à sua fragrância agradável. Para além da grande variedade de cores, das utilizações comerciais e das propriedades medicinais, as flores de rosa proporcionam melhores rendimentos numa área unitária com maior rentabilidade.

A evolução de novas variedades, técnicas melhoradas de propagação e outras técnicas agrícolas, incluindo a tecnologia pós-colheita, tornaram possível explorar o potencial desta cultura e transformá-la numa indústria lucrativa, tanto para o mercado interno como para a exportação. Mas para a realização do potencial desta cultura, os agricultores devem adotar o cultivo científico da rosa, para o que é de primordial importância que, em primeiro lugar, lhes seja inculcada uma atitude positiva em relação ao cultivo da rosa. Este facto levou o investigador a fazer uma investigação no sentido de desenvolver a escala e medir a atitude dos agricultores em relação à cultura da rosa.

5.2 OBJECTIVOS DO ESTUDO:

1. Estudar o perfil dos agricultores que adoptam a cultura da rosa
2. Desenvolver a escala para medir a atitude dos agricultores em relação à cultura da rosa

3. Medir a atitude dos agricultores em relação à cultura da rosa

4. Determinar a relação entre a atitude dos agricultores relativamente à cultura da rosa e o perfil dos agricultores

5. Identificar as limitações enfrentadas pelos agricultores na adoção da cultura da rosa

6. Explorar as sugestões dos agricultores para ultrapassar os constrangimentos enfrentados na adoção da cultura da rosa.

5.3 METODOLOGIA:

O presente inquérito foi efectuado em Anand Taluka, no distrito de Anand, no Estado de Gujarat. Anand Taluka foi selecionada para o estudo. De Anand taluka, foram selecionadas aleatoriamente seis aldeias com maior número de produtores de rosas. Foram selecionados aleatoriamente dez agricultores de cada aldeia selecionada, o que corresponde a uma amostra de 60 inquiridos.

As variáveis independentes utilizadas neste estudo foram: idade, habilitações literárias, experiência no cultivo de rosas como variáveis pessoais; participação social como variável social; propriedade fundiária, ocupação, rendimento anual como variáveis económicas; contacto com a extensão, exposição aos meios de comunicação social como variáveis comunicacionais e motivação económica, orientação científica e orientação para o risco como variáveis psicológicas. A variável dependente escolhida para efeitos do estudo foi a atitude dos agricultores em relação à cultura da rosa.

As variáveis independentes foram medidas utilizando escalas e procedimentos adequados adoptados por vários investigadores, com as devidas alterações, enquanto que para medir a variável dependente, foi desenvolvida uma escala. O programa da entrevista foi preparado na língua local, tendo em conta os objectivos do estudo, e foi pré-testado. Com base no pré-teste, foram introduzidas no programa final as alterações adequadas. Os dados deste estudo foram recolhidos através de uma entrevista pessoal com todos os 60 inquiridos. Os dados assim recolhidos foram classificados, tabulados e analisados de modo a tornar as conclusões significativas. Foram utilizadas medidas estatísticas como a frequência e a percentagem, a média aritmética e o coeficiente de correlação.

5.4 PRINCIPAIS CONCLUSÕES

As principais conclusões do estudo são as seguintes:

5.4.1 PERFIL DOS AGRICULTORES:

1. Pouco mais de três quintos (61,67%) dos inquiridos pertenciam ao grupo etário médio, seguidos de 23,33% no grupo etário idoso. Os restantes 15,00 por cento dos inquiridos pertenciam ao grupo etário jovem.
2. Exatamente dois quintos (40,00 por cento) dos cultivadores de rosas tinham o ensino secundário superior, seguidos de 20,00 por cento, 18,34 por cento e 13,33 por cento que tinham o ensino superior, secundário e primário, respetivamente. Apenas 8,33% dos produtores de rosas eram analfabetos.
3. Menos de metade dos inquiridos (45,00 por cento) tinha 6 a 10 anos de experiência no cultivo de rosas, enquanto 35,00 por cento e 20 por cento tinham mais de 10 anos e 5 anos de experiência no cultivo de rosas, respetivamente.
4. Exatamente três quintos (60,00 por cento) dos produtores de rosas não eram membros de nenhuma organização, enquanto 30,00 por cento deles eram membros de uma organização. Para além disso, 6,67% dos produtores de rosas eram membros de mais do que uma organização, enquanto 3,33% eram detentores de cargos e membros.
5. Exatamente metade (50,00 por cento) dos agricultores possuía uma exploração agrícola de dimensão média, enquanto 28,33 por cento e 15,00 por cento possuíam uma exploração agrícola de dimensão média e pequena, respetivamente. Apenas 6,67% dos agricultores possuíam explorações de grande dimensão.
6. Exatamente dois quintos (40,00 por cento) dos inquiridos dedicavam-se apenas à agricultura, seguidos de 28,33, 15,00 e 11,67 por cento dos inquiridos que se dedicavam à agricultura + criação de animais, agricultura + criação de animais + negócio e agricultura + negócio, respetivamente.
7. Pouco mais de dois quintos (41,67%) dos produtores de rosas tinham rendimentos anuais entre 2,50.000 e 5,00.000 euros, seguidos de 23,33%, 15% e 11,67% com rendimentos anuais até 2,50.000 euros, 7,25.001 a 10.00.000 euros e 5,00.001 a 7,25.000 euros, respetivamente. Apenas 8,33% dos agricultores tinham um rendimento anual superior a 10 000

euros.

8. Menos de dois quintos (38,34%) dos produtores de rosas tinham um nível muito baixo de contacto com a extensão, enquanto 28,33% e 20% deles tinham um nível baixo e médio de contacto com a extensão, respetivamente. Apenas 10,00 por cento e 3,33 por cento dos produtores de rosas tinham um nível alto e muito alto de contacto com a extensão, respetivamente.

9. Exatamente metade (50,00 por cento) dos inquiridos tinha uma exposição média aos meios de comunicação social, enquanto 26,67 por cento e 15,00 por cento tinham um nível elevado e baixo de exposição aos meios de comunicação social, respetivamente. Apenas 5,00 e 3,33% dos inquiridos se encontravam no extremo oposto, ou seja, com uma exposição muito baixa e muito elevada aos meios de comunicação social, respetivamente.

10. Pouco mais de metade (55,00 por cento) dos produtores de rosas tinha uma motivação económica elevada, enquanto quase um terço (31,00 por cento) tinha uma motivação económica média. Além disso, 10% deles tinham uma motivação económica muito elevada, enquanto apenas 3,33% se enquadravam na categoria de baixa motivação económica. Nenhum dos inquiridos se encontrava na categoria de motivação económica muito baixa.

11. Mais de metade (53,34%) dos produtores de rosas tinham um elevado nível de orientação científica, enquanto 25,00 e 20,00 por cento dos produtores de rosas tinham um elevado nível de orientação científica.

por cento dos produtores de rosas tinham um nível muito elevado e médio de orientação científica, respetivamente. Apenas um inquirido foi observado na categoria baixa e nenhum foi encontrado na categoria muito baixa de orientação científica.

12. Quase metade (48,34%) dos produtores de rosas tinha uma orientação para o risco médio, seguida de 41,67% com uma orientação para o risco elevado. Apenas 10,00 por cento dos inquiridos tinham um grau muito elevado de orientação para o risco. Nenhum dos inquiridos se encontrava na categoria de orientação para o risco baixa e muito baixa.

13..2 Escala para medir a atitude dos agricultores em relação à cultura da rosa.

A escala foi desenvolvida pelo investigador para medir a atitude dos agricultores em relação à cultura da rosa, utilizando o método do produto de escala. Das 26 afirmações, foram selecionadas 14 afirmações no formato final da escala de atitudes, uma vez que houve um forte acordo ou desacordo entre os juízes para a seleção dessas afirmações. Verificou-se que a escala era fiável (0,83) e válida.

14..3 Atitude dos agricultores em relação à cultura da rosa.

Quase dois quintos (38,34%) dos agricultores tinham uma atitude mais favorável em relação ao cultivo de rosas, enquanto 35,00% e 23,33% deles tinham uma atitude moderadamente favorável e mais favorável em relação ao cultivo de rosas, respetivamente. Apenas 3,33% dos agricultores tiveram uma atitude menos favorável em relação à cultura da rosa. Nenhum dos inquiridos foi encontrado na categoria de atitude menos favorável.

15..4 Relação entre as variáveis independentes e a atitude dos agricultores em relação à cultura da rosa

Das doze variáveis independentes, sete variáveis, *a saber,* educação, exposição aos meios de comunicação social, ocupação, motivação económica, orientação científica e orientação para o risco, foram positiva e significativamente correlacionadas com a atitude em relação à cultura da rosa. As restantes caraterísticas, nomeadamente a idade, a participação social, a propriedade fundiária, o rendimento anual e o contacto com a extensão, não estabeleceram uma relação significativa com a atitude dos agricultores em relação à cultura da rosa.

5.4.5 Constrangimentos enfrentados pelos agricultores na adoção da cultura da rosa

Os principais constrangimentos enfrentados pelos agricultores na adoção da cultura da rosa foram: efeito adverso na qualidade da flor devido a condições meteorológicas adversas, flutuação do preço da rosa, indisponibilidade de variedades melhoradas de cultura da rosa, custo elevado de insecticidas e pesticidas, custo elevado de fertilizantes e de farinha de aveia, falta de facilidades de mercado, encargos elevados com agentes de comissão, encargos pesados de transporte e falta de orientação técnica em tempo útil.

5.4.6 Sugestões dos agricultores para ultrapassar os constrangimentos que enfrentam na cultura da rosa

As principais sugestões dadas pelos agricultores para ultrapassar os constrangimentos com que se deparam na adoção da cultura da rosa foram as seguintes: a informação sobre a cultura da rosa deve ser disponibilizada atempadamente pelo pessoal da extensão, vários factores de produção em quantidade suficiente devem ser disponibilizados atempadamente, devem ser dados incentivos e subsídios aos factores de produção para encorajar a produção de rosas, deve ser desenvolvido um sistema de comercialização eficaz e eficiente, devem ser criadas instalações de armazenamento a frio em vários pontos de produção e deve ser dada formação para a produção orientada para a exportação.

5.5 CONCLUSÕES

1. A maioria dos agricultores pertencia ao grupo etário médio e idoso, tinha um nível de escolaridade entre o secundário e o superior e um nível de experiência médio a elevado no cultivo de rosas.
2. A maioria dos agricultores tinha uma fraca participação social, não sendo membro de nenhuma organização social, possuía uma propriedade média ou pequena, um rendimento anual entre 2 50 001 e 5 000 000 euros e tinha como ocupação a agricultura e a criação de animais.
3. A maioria dos agricultores teve um nível muito baixo a baixo de contacto com a extensão e teve um nível médio a alto de exposição aos meios de comunicação social.
4. A maioria dos agricultores tinha um nível elevado a médio de motivação económica, um nível elevado a muito elevado de orientação científica e um nível médio a elevado de orientação para o risco.
5. A maioria dos agricultores tinha uma atitude mais favorável a moderada atitude favorável à cultura da rosa.
6. Das doze variáveis independentes, sete variáveis, *nomeadamente* a educação, a experiência na agricultura, a exposição aos meios de comunicação social, a ocupação, a motivação económica, a orientação para o risco e a orientação científica revelaram uma influência significativa na sua atitude em relação à cultura da rosa, ao passo que a idade, a participação social, a propriedade fundiária, o rendimento anual e o contacto com a extensão não revelaram qualquer influência significativa na sua atitude em relação à cultura da rosa.
7. Os principais constrangimentos enfrentados pelos agricultores na adoção da cultura da rosa foram o efeito adverso na qualidade da flor devido a

condições meteorológicas adversas, a flutuação do preço da rosa e a indisponibilidade de variedades melhoradas da cultura da rosa, enquanto as principais sugestões aprovadas pelos agricultores foram: a informação sobre a cultura da rosa deve ser disponibilizada atempadamente pelo pessoal da extensão, vários factores de produção em quantidade suficiente devem ser disponibilizados atempadamente e devem ser fornecidos incentivos e subsídios aos factores de produção para encorajar a produção da rosa.

5.6 MODELO EMPÍRICO

O modelo concetual provisório foi estabelecido no início desta dissertação, ao chegar ao quadro concetual do estudo Fig. 3. Agora, a forma final foi representada através do modelo empírico na Fig. 18. O modelo mostra as caraterísticas dos agricultores que tiveram uma relação positivamente significativa, negativamente significativa e não significativa com a variável dependente, isto é, a atitude dos agricultores em relação à cultura da rosa.

5.7 IMPLICAÇÕES DA ACÇÃO

Com base nos resultados do estudo, surgem as seguintes implicações para a ação.

1. A escala desenvolvida para medir a atitude dos agricultores é considerada fiável e válida, pelo que pode ser utilizada em estudos futuros.
2. Os institutos de formação no distrito devem dar formação aos agricultores sobre o cultivo da rosa. As agências de extensão devem ser equipadas com conhecimentos especializados sobre o cultivo de rosas e devem chegar aos cultivadores de rosas.
3. O estudo revelou que a educação, a experiência na cultura da rosa, a exposição aos meios de comunicação social, a motivação económica, a orientação para o risco e a orientação científica estavam positiva e significativamente relacionadas com a atitude dos agricultores em relação à cultura da rosa. Sempre que possível, pode proceder-se a uma manipulação adequada destas caraterísticas, a fim de moldar a atitude no sentido de uma atitude mais favorável para os agricultores que têm uma atitude menos favorável. Além disso, também podem ser feitos esforços para manter o estatuto dos agricultores que já têm uma atitude mais favorável em relação à cultura da rosa; esses agricultores podem ser utilizados pelas agências de extensão para convencer os outros agricultores a conhecer e adotar a cultura da rosa.

4. Os agricultores expressaram alguns constrangimentos que impedem a adoção da cultura da rosa. Devem ser feitos esforços para diminuir a magnitude desses constrangimentos.

5.8 Sugestões para trabalhos de investigação futuros

O presente estudo lançou luz sobre alguns dos novos domínios em que podem ser realizados futuros trabalhos de investigação, que são os seguintes

1. Este tipo de estudo deveria ser efectuado em diferentes zonas para avaliar a atitude dos agricultores em relação à cultura da rosa.

2. A investigação deve ser alargada a um grande número de agricultores para se poderem tirar conclusões válidas.

3. Algumas outras caraterísticas dos inquiridos, para além das incluídas neste estudo, podem estar a afetar a sua atitude em relação à cultura da rosa; devem ser identificadas e estudadas.

4. Este estudo deve ser repetido após algum tempo com uma amostra de grande dimensão para aumentar a sua validade.

BIBLIOGRAFIA

Anónimo (2006). "Floricultura na Índia: uma visão geral". Floriculture Today, março de 2006. pp 22-26.

Anónimo (2008). Floricultura Hoje, setembro de 2008. Pp 10.

Anónimo (2011-12). Diretor de Horticultura, Gandhinagar, Estado de Gujarat.

Bhattacharjee, S. K. e De, L. C. (2003) A text book on advanced commercial floriculture. Publicado por Avishkar publisher, Jaipur, Índia.

Bhosale, U. S. (2010). Participação da juventude rural na produção de arroz no distrito de Anand, no estado de Gujarat. Tese de Mestrado (Agri.) (não publicada), AAU, Anand.

Biswa, T. D. (1983). Rose growing - Principle and Practice (cultivo de rosas - princípio e prática). Associated publishing co., New Delhi.

Borole, P. V. (2010). Um estudo sobre a atitude dos produtores de arroz demonstrada em relação à técnica SRI da cultura do arroz. M.Sc.(Agri.), Tese (Não publicada), AAU, Anand.

Christian, B. M. (2001). Um estudo sobre o grau de adoção da estratégia IPM pelos produtores de algodão do distrito de Vadodara do estado de Gujarat. Tese de Mestrado (Agri.) não publicada, GAU, Anand.

Darandle, A. D. (2010). Atitude dos produtores de milho em relação à agricultura biológica no distrito de Vadodara, no estado de Gujarat. Tese de Mestrado (Agri.) (não publicada), AAU, Anand.

Datt, B. e Sharma, V. P. (2005). "A Study on pesticides utilization behaviours of farmers in Shriganganagar District of Rajasthan" [Um estudo sobre os comportamentos dos agricultores na utilização de pesticidas no distrito de Shriganganagar do Rajastão]. *Rural India*, 223-224.

Dongardrive, V. T. (2002). Um estudo sobre a adoção da tecnologia recomendada para a cultura da malagueta pelos produtores de malagueta no distrito de Anand do estado de Gujarat. Tese de Mestrado (Agri.) (não publicada), GAU, Anand.

Edward, A. L. (1957). Técnicas de construção de escalas. Appeton century Inc., Nova Iorque.

Eysenck, H. J. e Crown, S. (1949). Um estudo experimental sobre a metodologia da opinião-atitude. *Int. J. Opin. Attitude Res.,* **3**: 47-86.

Guilford, J. P. (1954). Psychometric methods. Tata McGraw-Hill Publication Co. Ltd., Bombaim: 378-382.

Kausadikar, K. D., Suradkar, D. D. e Narkar, G. S. (2002). Determinants of attitude towards Horticultural Development Programme (Determinantes da atitude em relação ao programa de desenvolvimento hortícola). *Mah. J. Ext. Educ.* XXI(2).

Kerlinger, F. N. (1976). "Foundations of behavioural research" Surjeet Publications, New Delhi, *pp*: 198-204.

Likert, R. A. (1932). A technique for measurement of attitude scale. Arch. Psychol. [140].

Macwana, M. M. (2009). Um estudo sobre a adoção da cultura da rosa pelos agricultores nos distritos de Anand. M.Sc.(Agri.), Tese (Não publicada), AAU, Anand.

Meshram Pyasi, V. K. Chobitkar, N. Shubhash Rawat e Ahirwar, R. F. (2006). Attitude of Beneficiaries to Swarnajayanti Gram Swarojgar Yojana. *Indian Research Journal of Extension Education,* **6**(3): 1-3.

Narayan, P. A. (2004). Um estudo sobre a adoção da cultura da rosa no distrito de Vadodara do estado de Gujarat. Tese de Mestrado (Agri.) (não publicada), GAU, Anand.

Parashar, A. N. (2004). Um estudo sobre a adoção da cultura da rosa no distrito de Vadodara do estado de Gujarat. Tese de Mestrado (Agri.) (não publicada), GAU, Anand.

Patel, C. D. (2005). Conhecimento e atitude dos agricultores em relação às práticas de agricultura biológica na zona sul de Saurashtra do estado de Gujarat. Tese de Mestrado (Agri.) (não publicada), GAU, Junagadha.

Patel, M. C. e Chauhan, N. B. (2004). Corolário do perfil do agricultor na sua atitude em relação à estratégia de proteção integrada. *Guj. J. Ext. Edu.*, **15:**5-9.

Patel, D. D. (2010), Management efficiency of rose growers. Tese de doutoramento (não publicada), AAU, Anand.

Patel, D. F. (2006). Um estudo sobre a atitude dos produtores de arroz relativamente à utilização de pesticidas em Tarapur, Sojitra e Petlad talukas do distrito de Anand. Tese de Mestrado (Agri.) (não publicada), AAU, Anand.

Pate, M. C. (2009). Construção de uma escala para medir a orientação para o risco. 5th Subcomité Agresco de Ciências Sociais, AAU, Anand.

Patel, M. R. (2002). Knowledge and adoption of integrated pest management strategy by hybrid cotton growers of sabarkantha district, Gujarat state, M.Sc.(Agri.), Thesis (Unpublished), GAU, Sardar Krushinagar.

Pise (2006). Um estudo sobre a atitude dos produtores de banana em relação à tecnologia de cultivo de banana no distrito de Anand do estado de Gujarat. Tese de Mestrado (Agri.) (não publicada), AAU, Anand.

Rathod, J. J. (2009). Um estudo sobre a adoção das medidas fitossanitárias recomendadas pelos produtores de malagueta nos distritos de Aanad, no estado de Gujarat. Tese de Mestrado (Agri.) (não publicada), AAU, Anand.

Sharnagat, P. M. (2008). Atitude dos beneficiários em relação à Missão Nacional de Horticultura. Tese de Mestrado (Agri.) (não publicada), Dr. Panjabrao Deshmukh Krishi Vidyapeeth, Akola (M.S).

Supe, S. V. (1969). Fator relacionado com a diferença de racionalidade na tomada de decisões entre agricultores. Tese de doutoramento (não publicada), IARI, Nova Deli.

Thrustone, L. L. e E. G. Chave (1928). The measurement of opinion. *Journal of Abnormal psychology* - 22: 415-430.

Trivedi, M. K. (2000). Um estudo sobre a adoção da floricultura no distrito de Anand do estado de Gujarat. M.Sc.(Agri.), Tese (Não publicada), GAU, Sardar krushinagar.

Trivedi, M. K. (2010). Práticas de gestão de crises adoptadas na cultura do cominho pelos agricultores do Norte de Gujarat. Tese de doutoramento não publicada YCMOU, Nasik, M.H.

Zala, P. T. (2008). Adoção de práticas de gestão de crises na cultura do algodão pelos agricultores do distrito de kheda do estado de Gujarat, M.Sc.(Agri.), Tese (Não publicada), AAU, Anand.

APÊNDICE

PROGRAMA DE ENTREVISTAS

"Atitude dos agricultores em relação à cultura da rosa"

N.º agendado Data:

Parte - 1

Caraterísticas pessoais, sociais, económicas, comunicacionais e psicológicas

1. **Nome:**

2. **Aldeia: 3. Taluka:4. Distrito:**

4. **Idade:**

5. **Formação académica:**

Analfabeto/Primário/Secundário/Superior/Secundário/ Licenciado e superior.

6. **Há quantos anos cultiva a rosa?**

Anos.

7. **Participação social**:

É membro ou detentor de um cargo numa organização? Sim/Não. Em caso afirmativo, indique em qual das seguintes organizações é membro/titular de cargo?

N.º Sr.	Organização	Membros da posição	Portador do cargo
1	Gram panchayat		
2	Taluka panchayat		
3	Zillapanchayat		
4	Sociedade cooperativa		
5	Sociedade cooperativa leiteira		
6	Outros		

8. **A. Dimensão da exploração total das terras: ha.**
8. **Dimensão da exploração agrícola cultivada com rosas**: **ha.**
9. **Profissão :**

N.º Sr.	Categoria	
1	Agricultura	
2	Agricultura + criação de animais	
3	Agricultura + criação de animais + serviços	
4	Agricultura + negócios	
5	Agricultura + criação de animais +	

	negócios	
6	Outros	

10. Rendimento anual: Rs.

11. Contacto de extensão :

Indique quem contacta e com que frequência para obter informações agrícolas. (Por favor, ^ assinalar)

N.º Sr.	Agência	Ocasionalmente (1)	Frequentemente (2)	Nunca (3)
1	Trabalhador a nível da aldeia			
2	Funcionário de extensão agrícola			
3	Cientista da Universidade de Agricultura			
4	Centro de serviços agrícolas			
5	Centro de Pesticidas			
6	Depósito de fertilizantes			
7	Agricultor progressista			
8	outros			

12. Exposição aos meios de comunicação social :

Com que frequência se expõe aos seguintes meios de comunicação social? (Por favor, assinale ^)

N.º Sr.	Media	Exposição		
		Ocasionalmente	Frequentemente	Nunca
1	Rádio			
2	Televisão			
3	Jornal de notícias			
4	Internet			
5	Telemóvel			
6	Feira agrícola			
7	Exposição agrícola			
8	Revista agrícola/folheto			
9	Outros			

13. Motivação económica:

Indique a sua concordância/discordância relativamente a cada uma das seguintes afirmações. (Por favor, assinale ^)

N.º Sr.	Declaração	SA	A	UD	DA	SDA
1	Um floricultor deve estar sempre pronto a trabalhar para obter um maior rendimento e fins económicos mais elevados.					
2	O cultivador de rosas mais bem sucedido é aquele que obtém mais lucros.					

3	Um floricultor deve experimentar qualquer nova ideia de cultivo de rosas que lhe possa render mais dinheiro.					
4	Não há prestígio na sociedade sem dinheiro e, por isso, é preciso usar todo o seu potencial para ganhar mais dinheiro.					
5	Para assumir as responsabilidades familiares e sociais, as questões monetárias não podem ser ignoradas de forma alguma.					
6	Só a insanidade é que corre cegamente atrás do dinheiro.					

SA = Concordo totalmente, A = Concordo, UD = Indeciso, DA = Discordo, SDA = Discordo totalmente

14. Orientação científica:

Indique a sua concordância/discordância relativamente a cada uma das seguintes afirmações. (Por favor, assinale ^)

N.º Sr.	**Declaração**	**S A**	**A**	**U D**	**D A**	**SDA**
1	Os métodos científicos de cultivo de rosas deixam-me sempre confuso. (-)					
2	A produção de rosas de qualidade é possível através da utilização da ciência. (+)					
3	A adoção de um novo método científico de cultivo de rosas é um processo problemático. (-)					
4	Os métodos científicos de cultivo de rosas são muito pouco práticos. (-)					
5	A produção rentável de flores é possível graças à intervenção da ciência e da tecnologia. (+)					
6	A aplicação da ciência na cultura da rosa significa perda de tempo. (-)					
7	Gosto de preferir o método científico agrícola de produção de flores. (+)					
8	Acredito no método tradicional de cultivo de rosas. (-)					
9	Na minha opinião, a utilização da ciência no cultivo de rosas significa um resultado frutífero. (+)					
10	O cultivo sustentável de rosas é possível através da aplicação da ciência. (+)					
11	A produção de flores aumenta com o método científico de cultivo de rosas. (+)					
12	Método científico agrícola de ecologia dos					

	danos causados pela cultura da rosa. (-)					
13	Os métodos científicos de cultivo de rosas requerem grandes infra-estruturas. (+)					
14	A aplicação da ciência na cultura da rosa significa poupança de dinheiro. (+)					

SA = Concordo fortemente, A = Concordo, UD = Indeciso, DA = Discordo, SDA = Discordo fortemente

15. Orientação para o risco :

Indique a sua concordância/discordância relativamente a cada uma das seguintes afirmações. (Por favor, assinale ^)

N.º Sr.	Declaração	SA	A	UD	DA	SDA
1	Estou confiante na minha capacidade de aceitar desafios para qualquer tipo de risco agrícola. (+)					
2	Não gosto de utilizar qualquer método que crie riscos na agricultura. (-)					
3	Estou disposto a correr riscos para obter lucros elevados na agricultura. (+)					
4	Gosto de aceitar desafios na adoção de métodos agrícolas dispendiosos. (+)					
5	Gosto de seguir apenas os métodos que são aceites com sucesso por outros agricultores. (-)					
6	Sinto que as pessoas com capacidade de risco pretendida estão sempre a subir no topo. (+)					
7	Tenho receio de que algo inesperado possa prejudicar os meus planos de adoção de novas tecnologias agrícolas. (-)					
8	Posso minimizar as consequências do risco na agricultura através de um planeamento adequado. (+)					
9	Posso reduzir o efeito do risco na agricultura tomando as medidas adequadas atempadamente. (+)					
10	Penso que aceitar uma agricultura de risco realista nem sempre é uma resolução perigosa. (+)					

SA = Concordo fortemente, A = Concordo, UD = Indeciso, DA = Discordo, SDA = Discordo fortemente

Parte 2

16. ATITUDE DOS AGRICULTORES EM RELAÇÃO À CULTURA DA ROSA

N.º	Declaração	SA	A	U	D	SD A

Sr.				D	A	
1	A adoção da cultura da rosa é bastante difícil para os pequenos agricultores e os agricultores marginais. (-)					
2	O cultivador de rosas mais bem sucedido é aquele que obtém o máximo rendimento com o mínimo de custos. (+)					
3	É preferível cultivar outras culturas tradicionais do que optar pela cultura da rosa. (-)					
4	Penso que as pessoas com poucos recursos também podem cultivar rosas. (+)					
5	Considero que a cultura da rosa só é possível para os agricultores ricos. (-)					
6	Na minha opinião, adotar a cultura da rosa significa correr riscos. (-)					
7	A cultura da rosa pode melhorar o nível de vida dos produtores. (+)					
8	Penso que o custo da cultura das rosas é muito elevado. (-)					
9	O investimento na cultura de rosas é um desperdício de dinheiro. (-)					
10	A cultura de rosas garante um rendimento garantido ao agricultor. (+)					
11	O cultivo de rosas é a forma mais eficaz de utilizar os membros da família. (+)					
12	Penso que a cultura da rosa é adequada apenas para os agricultores que dispõem de instalações de irrigação. (-)					
13	Os produtores de rosas podem obter bons preços se adoptarem práticas de gestão pós-colheita. (+)					
14	Penso que o cultivo de rosas é como um jogo. (-)					

Parte 3

17. Indique as dificuldades com que se depara para adotar a cultura da rosa.

N.º Sr.	**Restrições**
1	
2	
3	
4	
5	
6	
7	

Parte 4

18. Sugira formas de ultrapassar os constrangimentos enfrentados na cultura da rosa

N.º Sr.	**Sugestões**
1	
2	
3	
4	
5	
6	
7	

Printed by Books on Demand GmbH, Norderstedt / Germany